Sammlung Göschen Band 218

Tiergeographie

Von

Prof. Dr. Arnold Jacobi
Museumsdirektor i. R.

Zweite Auflage

Neuer, berichtigter Abdruck

Mit 3 Karten im Text

Walter de Gruyter & Co.
vormals G. J. Göschen'sche Verlagshandlung · J. Guttentag, Verlagsbuchhandlung · Georg Reimer · Karl J. Trübner · Veit & Comp.
Berlin 1939

Archiv-Nr. 11 02 18
Druck von Walter de Gruyter & Co., Berlin W 35
Printed in Germany

Inhalt.

Erster Abschnitt. Einleitung.

Zweiter Abschnitt. Allgemeine Tiergeographie.

Dritter Abschnitt. Besondere Tiergeographie.

Selbständige Werke, die zur weiteren Einführung in das Wissensgebiet dienen können, sind:

Wallace, A. R. Die geographische Verbreitung der Tiere. Autorisierte deutsche Ausgabe von A. B. Meyer. 2 Bde. Dresden 1876. (Grundlegendes Werk, aber veraltet.)

Ekman, Sv. Tiergeographie des Meeres. Leipzig 1935.

Hettner, A. Vergleichende Länderkunde, Band 4. 1935.

Kobelt, W. Studien zur Zoogeographie. 2 Bde. Wiesbaden 1897 und 1898.

Lydekker, R. Die geographische Verbreitung und geologische Entwicklung der Säugetiere. Autorisierte Übersetzung von G. Siebert. Jena 1897.

Marshall, W. Atlas der Tierverbreitung. Gotha 1887.

Michaelsen, W. Die geographische Verbreitung der Oligochäten. Berlin 1903.

Ortmann, A. Grundzüge der marinen Tiergeographie. Jena 1896.

Steuer, A. Planktonkunde. Leipzig 1910.

Stoll, O. Zur Zoogeographie der landbewohnenden Wirbellosen. Berlin 1897.

Erster Abschnitt.

Einleitung.

1. Kapitel. **Begriff der Tiergeographie.**

Wenn jemand beabsichtigt, sich näher um die Kunde von der Verbreitung der Tierwelt über die ganze Erde zu bekümmern, und erfährt, daß ihn darüber eine besondere Wissenschaft, die Tiergeographie oder Zoogeographie, belehren will, so kann es ihm nicht verdacht werden, wenn er über die Daseinsberechtigung dieser Wissenschaft zunächst im Zweifel ist. Denn Geographie heißt Erdbeschreibung, also Wissenskunde von unserer Erde, diesem in seiner Masse zusammenhängenden, in der Form einfach und streng bestimmten, von einer gleichmäßigen Hülle, der Atmosphäre, umgebenen Körper. Wie aber kann eine ähnliche Betrachtung auf die Tierwelt angewandt werden, die bei aller Größe und Kopfzahl mancher ihrer Angehörigen doch stets die Eigenschaften des vereinzelten Vorkommens, der lockersten Verbindung, des stetigen Ortswechsels der meisten Glieder zur Schau trägt? Viel eher wird ein unbefangenes Nachdenken sich von vornherein dazu verstehen, einer Pflanzengeographie den Rang einer Wissenschaft zu gewähren, die einen Gegenstand von ähnlicher tellurischer Bedeutung und nach ähnlichen Grundsätzen untersucht wie die physische Erdkunde, denn die Pflanzen bilden für unser Auge eine ganze Decke auf der Außenfläche unseres Planeten, soweit er nicht vom Meerwasser bedeckt ist, oder Wüsten und ewiges Eis das Leben der Gewächse ausschließen. Die Pflanzen können demnach als eine kaum irgendwo zu vermissende Begleiterscheinung des festen Landes und auch großer Strecken der flüssigen Bedeckung unserer Erde gelten, so daß wir sie als eine die letztere umgebende dünne Kugelschale ansehen können, eine Schale, wie sie in viel größerem Dickendurchmesser die Lufthülle der Erde, die Atmosphäre, ebenfalls darstellt. Aber nur eine ganz oberflächliche Vergleichung würde dazu führen, der gesamten Erscheinungswelt der tierischen Wesen eine geringere Bedeutung für die Stellung im Erdraume zuzubilligen als den Pflanzen, weil eben den tierischen Organismen jener enge Zusammenhang der Einzelwesen und die hierdurch hervorgerufene Flächenausbreitung fehlt, wie sie das unabsehbare Gräsermeer der Steppen, die Urwälder, das Moospolster zeigen, oder weil in roher Zahlenschätzung die zu einer Masse verdichtet gedachte Pflanzenwelt des Festlandes 2237 Kubikkilometer, die Tierwelt aber nur 1 Kubikkilometer einnehmen würde. Denn ganz anders wird der Eindruck von der Bedeutung der Tierwelt für die Erdoberfläche, wenn wir ihrer räumlichen Verteilung auf dieser gerecht werden. Da lernen wir, daß der für tierisches Leben bewohnbare Raum nicht etwa kleiner ist als der von den Pflanzen beanspruchte, sondern diesen vielmehr um das Fünffache übertrifft. Der Grund dafür liegt einfach darin, daß der Ozean in seiner ganzen, an einigen Stellen bis auf etwa 9000 m Tiefe reichenden Ausdehnung den Tieren Lebensbedingungen bietet, während das pflanzliche Leben, soweit ans Sonnenlicht gebunden, nur bis zu der Tiefe gedeihen kann, welche von dessen Strahlen noch erreicht wird, nämlich bis zu 400 m.

Gegen die eben gewonnene Feststellung, daß die tierischen

Organismen in der Zumessung des bewohnbaren Raumes weit günstigergestellt sind als die pflanzlichen, möchte sich der Einspruch erheben, daß zwischen der Weite des Wohnraumes und der tatsächchen Ausnutzung ein Unterschied sei, der denn auch in der vil geringeren Beteiligung von Tieren an der Gestaltung des Naturbildes gegenüber den Pflanzen seinen Ausdruck finde. Allein jede achtsame Untersuchung zeigt doch, wie dicht die Besetzung des Nährbodens durch die Tiere ist, sofern nur die Unzahl derer mit in Rechnung gezogen wird, welche infolge ihrer Kleinheit erst dem sorglich forschenden oder gar erst dem bewaffneten Auge ihr Dasein offenbaren. Man denke an das Gewimmel der Kerfe im Pflanzenwuchse einer Wiese, an die Menge von niederen Tieren, die in den mit Humus durchsetzten oberen Erdschichten ihre Wohnung haben, an die Schicht von Kleinwesen, die als „Plankton" oftmals riesige Strecken der Meeresoberfläche trüben oder dem Spiegel der See nachts einen phosphorischen Glanz verleihen, an die Tausende von Infusorien, die ein einziger Wassertropfen beherbergt — dann muß jenes Bedenken schweigen, und man vielmehr im Auftreten der tierischen Körper die Anlage eines Gewebes von organischem Stoffe erkennen, das bald aus massigen Strängen gefügt und in schweren Falten aufeinander geschichtet, bald als feinstes Fasernetz die Kugelfläche der Erde überzieht und in deren obere Spalten eindringt, meist in engster Verknüpfung, selten mit weiteren Maschen oder ganz des Zusammenhanges bar. Und die gewaltigen Fischzüge, die alljährlich in silbernem Gewimmel die flacheren Teile der nordischen Meere erfüllen, die einst in Scharen von Hunderttausenden auf den Ebenen Südafrikas wandernden Antilopen, die wolkenähnlichen Heuschreckenschwärme oder gar die Korallenbauten, welche als breite Klippengürtel ganze Erdteile umsäumen, sind sie nicht Erscheinungen, die wir an räumlicher Wirkung dem Pflanzenwuchse ebenbürtig, ja zuweilen überlegen sehen?

Somit ist es gerechtfertigt, in dem Auftreten der Tiere auf dem Erdboden einen Bestandteil von dessen äußerster Schicht zu erblicken, der infolgedessen in die Kunde dieser letzteren, in die physikalische Geographie, mit einzubeziehen ist.

Eine sich weiter ergebende Frage ist die, ob in der Verteilung der Tiere in ihrem irdischen Wohnraume überhaupt Erscheinungen geographischer Natur zu beobachten sind, das heißt solche, welche sich zu der Gliederung der Erdoberfläche in Land- und Wassermassen, in senkrechte Erhebungen und Gebirgszüge, in klimatische Gürtel, oder zu dem regelmäßigen Umlauf der Luft- und Wasserhülle in großen Wirbeln in Beziehung bringen lassen?

Hierauf kann schon ein aus unserer einfachsten Schulbildung schöpfendes Nachdenken Antwort geben. Ist es doch schon dem Kinde bekannt, daß der Eisbär nur den hohen Norden, der Elefant das heiße Indien und Afrika bewohnt; ein Besuch Italiens z. B. macht den Reisenden auf zahlreiche, in der nordischen Heimat unbekannte, hier aber auf Schritt und Tritt ihm begegnende Kriechtiere, Schnecken, Skorpione aufmerksam, Erscheinungen, die ihren Zusammenhang mit der Änderung des Klimas und der natürlichen Bodenbeschaffenheit nicht verleugnen; im Norden der Neuen Welt, in den Vereinigten Staaten angelangt, würde aber der Europäer inmitten einer der einheimischen ganz ähnlichen Pflanzendecke sich einer Tierwelt gegenübersehen, die mit der europäischen nur wenige Züge gemein hat.

Freilich gehen neben solchen Verschiedenheiten, die weit entlegene große Länder betreffen, noch andere einher, die uns schon die engere Heimat bietet. Unseren Wäldern ist eine andere Fauna von Hirschen, Vögeln, Schmetterlingen eigen als der Heide und dem Acker, beim Ersteigen des Hochgebirges können uns dem Tieflande fremde Formen wie Gemse,

Murmeltier und Adler begegnen, und ein kleiner Teich hat in Froschlurchen, Fischen und Kerbtieren eine ganz andere Bewohnerschaft als der Fluß oder der rasch eilende Gebirgsbach. Das sind Verschiedenheiten, die man in jedem größeren Ausschnitt der Erdoberfläche ohne Beziehung zum Erdteile und der geographischen Breite wahrnehmen kann; sie hängen vom Wechsel in der Bodengestalt, von der Höhenlage, dem Pflanzenkleide und der Bewässerung ab und heißen, weil sie das engere Vorkommen der Tiere betreffen, Verschiedenheiten des Standorts. Da sie innerhalb eines Gebiets oft wechseln und sich wiederholen können, stehen sie im Gegensatze zu den vorher genannten faunistischen Gesamtbildern; sie sind jeweils hervorgerufen durch örtliche Lebensbedingungen und werden als Lebensgemeinden, tierische Genossenschaften, Tierbestände usw. als „Ökologie der Tiere" in anderem wissenschaftlichen Zusammenhange betrachtet.

Wir haben hier vorwiegend vom ersteren, dem geographischen Standpunkte auszugehen, für dessen Anwendbarkeit die späteren Abschnitte sprechen werden. Wenn danach die einzelnen Verbreitungserscheinungen auf ihre Beziehungen zum Bau der Erdrinde, ihrer Luft- und Wasserhülle zu untersuchen sind, so hat die Lehre von der Tierverbreitung, die Tiergeographie, den Anspruch darauf, einen eigenen Zweig der Erdkunde zu bilden. Eine weitere Darlegung soll zeigen, welche Berührung unsere Wissenschaft mit einigen anderen Gebieten der Naturkunde hat, und wie sie zur Lösung von Fragen aus diesen Gebieten beizutragen imstande ist.

2. Kapitel. **Bedeutung für die zoologische Systematik.**

Zur Unterscheidung der einzelnen Arten von Tieren, zur Einreihung der Arten in Gattungen und zur Vereinigung der Gattungen in höhere Gruppen wie Familien, Ordnungen und Klassen dient die zoologische Systematik. Um aber System und Übersicht in der riesigen Mannigfaltigkeit der Tierformen festzuhalten, genügt es nicht, sie nach ihrer äußeren oder inneren Beschaffenheit zu unterscheiden und dann nach den gewonnenen Merkmalen wieder zu gruppieren, sondern es muß auch ihr Vaterland, ihr Vorkommen auf der Erde berücksichtigt werden. Dann ergeben sich zahlreiche wichtige Aufschlüsse, die eine Beziehung zum Baue und zur systematischen Verwandtschaft der Tierarten nicht verkennen lassen.

Wir besitzen z. B. in Mitteleuropa in allen Tierklassen zahlreiche Arten, die uns durch ihr häufiges Auftreten wohlbekannt sind und im Gesamtbilde unserer Tierwelt, in der Fauna, bezeichnende Züge abgeben. Wenn wir diese Formen aber in den natürlichen Nachbargebieten, etwa auf der skandinavischen oder der apenninischen Halbinsel wieder aufsuchen, so vermissen wir die gewohnten Erscheinungen, um zwar ähnlichen, aber doch wohlunterschiedenen zu begegnen. Beispielsweise haust statt unseres großen Siebenschläfers südlich der Alpen eine kleinere Art; für unseren Feldhasen tritt in den Mittelmeerländern der Lepus mediterraneus auf; unser Hausspatz wird dort durch den italienischen Sperling (Passer Italiae), der Buchfink in Schweden und Norwegen durch den Bergfinken ersetzt, und ähnliche Beispiele wären aus den übrigen Klassen in Menge beizubringen. Man nennt solche Formen stellvertretende (vikariierende) Arten, eben weil sie einander in der Fauna verschiedener Gebiete vertreten; sie verraten durch ihre Verwandtschaft zueinander und durch ihr Vorkommen einen Ursprung auf demselben Boden, den sie gegenwärtig bewohnen — einen Ursprung, der im Sinne der Entwicklungslehre in die jüngere Vergangenheit zurückreicht.

Fälle anderer Art sind es, wenn Tierformen in einem bestimmten Gebiete vorhanden sind, die zu denen des Nachbargebietes keine nahen verwandtschaftlichen Beziehungen aufweisen, vielmehr ein anderes, durch grundsätzliche und bedeutende Abweichungen bedingtes Gepräge an sich tragen. Oder aber es fehlen weit verbreitete Gruppen in einem Gebiete, das sie nach seiner Beschaffenheit und Lage wohl beherbergen könnte. Die Verschiedenheit betrifft dann Typen des Tiersystems und ihr ebenerwähntes Auftreten — namentlich wenn es sich nicht durch starke Verschiedenheiten der Lebensbedingungen erklärt — wird auf frühere einschneidende Veränderungen in der Oberflächengestaltung oder stattgehabte Bewegungen der tierischen Bevölkerung zurückzuführen sein. Um diese Erscheinung mit Beispielen zu belegen, sei an das Vorkommen der mitteleuropäischen Fauna so fremder Wesen wie der Ginsterkatze (Viverra genetta) in Frankreich, an das Auftreten von australischen Beuteltieren auf den kleinen Sundainseln, andererseits an das Fehlen der Hirsche und Bären im ganzen südlich der Sahara gelegenen Afrika oder an das der echten Raben in Südamerika erinnert.

Die Kenntnis des Wohnortes einer Tierart kann weiterhin für ihre Unterbringung am richtigen Platze des Systems von Nutzen sein. Nicht selten sind sich nämlich ganze Familien in den meisten äußeren Zügen recht ähnlich, obgleich wichtige, wenn auch unscheinbare Eigenschaften sie streng voneinander sondern. Wenn solche trügerische Gruppen aber erfahrungsgemäß getrennte Gebiete bewohnen, so bewahrt die Kenntnis des Vorkommens vor unrichtiger Unterbringung im System. Beispiele: Unter den Säugetieren haben wir eine große Menge von Nagern, die vielfach das Aussehen unserer Mäuse und Ratten bis in die Einzelheiten des äußeren Baues aufweisen; doch trifft man die eine durch ein kleines Merkmal im Zahnbau unterschiedene Abteilung der Trugratten (Octodontidae) nur in Südamerika an. Ferner sind innerhalb der Sperlingsvögel die echten Erdsänger (Sylviidae) nur in der Alten Welt, die Baumsänger (Silvicolidae) nur in der Neuen vertreten — beide aber bis auf wenige unscheinbare Züge einander ganz ähnlich.

Aus diesen Andeutungen können wir entnehmen, daß die Kunde von der besonderen Verbreitung der Tierarten, die Chorologie, in steter Beziehung zur Systematik steht und bei den Studien über die natürliche Anordnung der tierischen Formenmenge nicht wohl unberücksichtigt gelassen werden darf. Die folgenden Mitteilungen sollen jedoch die Wichtigkeit der Verbreitungstatsachen für die Zoologie noch weiter dartun

Es gibt Gattungen, die eine Menge untereinander nahe verwandter Arten von gleicher Größe, gleichem Bau, ähnlicher Färbung, ein und derselben Lebensweise enthalten, Gattungen also, welche die Formenfülle der belebten Natur recht deutlich veranschaulichen. Nicht selten finden sich nun eine Anzahl solcher Arten auf einem verhältnismäßig kleinen Raume dicht zusammen, aber doch jede auf ein besonderes, von ihr allein bewohntes Gebiet beschränkt. Diese einzelnen Artgebiete oder Areale sind gewöhnlich durch natürliche Schranken, wie Flußläufe, Meeresarme, Gebirgszüge, Wasserscheiden voneinander getrennt. Beispiele solcher gesonderten Artgebiete kennen wir sehr zahlreich aus der heutzutage gut bekannten geographischen Verbreitung der Säugetiere, Vögel und Reptilien, aber auch unter den Wirbellosen sind Fälle vorhanden.

Um zunächst die ersteren zu berücksichtigen, wollen wir einige von dem berühmten Tiergeographen A. R. Wallace auf seiner Reise im Amazonastale entdeckte Fälle kennen lernen. Die südamerikanischen Affen sind bekanntlich ausgesprochene Baumtiere, und so kann es nicht wundernehmen, daß ein breiter Strom für diese wasserscheuen Geschöpfe ein kaum überwindliches Verbreitungshindernis bildet. Seine Wirkung ergibt sich denn auch aus der Verteilung der Arten aus der Gattung Pithecia am unteren Amazonenstrom:

in den Wäldern am Südufer haust der Mönchsaffe (Pithecia monachus), auf der anderen Seite der Rotbartaffe (P. rufibarbata). Selbst die flugfähigen Vögel halten jene Naturschranken inne, wie es mehrere Gattungen zeigen; so von den prächtigen Glanzvögeln die Galbula rufoviridis und G. cyaneicollis.

Treten uns in den eben mitgeteilten Beispielen die fließenden Gewässer als die Grenzen entgegen, die von verwandten Tierformen gegenüber ihren Nachbarn innegehalten werden, so wissen wir auch von Fällen, wo senkrechte Erhebungen als Wasserscheiden solch eine Verbreitung regeln. Die Steinböcke, jene auf den meisten hohen Gebirgen Europas und Asiens lebenden Wildziegen, bewohnen den Kaukasus gleich in mehreren Arten, die sich nach der Hörnerbildung und Färbung wohl unterscheiden lassen (Capra caucasica, Sewertzowi, cylindricornis und Raddei) — jede der vier aber scheint für sich einen besonderen Gebirgsstock einzunehmen, den die scharf eingeschnittenen Flußtäler und Pässe sondern. Und wie oben, machen auch die Vögel keine Ausnahme von dieser in Regelmäßigkeit sich äußernden Erscheinung, denn die Formen der mit reißend schnellem Fluge begabten Kolibris beschränken sich im westlichen Südamerika, dem Mittelpunkte ihres Artenreichtums, oft auf gewisse Ketten der Kordilleren oder gar nur auf ein einziges Tal.

Fast immer macht sich die gleichmäßige Verteilung von Arten nach Sonderarealen am deutlichsten auf Inseln geltend. Falls eine Gattung über eine größere Gruppe von Inseln hin gefunden wird, so ist sehr oft auf einer Insel auch nur eine Art davon vorhanden oder, wenn mehrere gleichzeitig sie bewohnen, so besitzt jede der letzteren meistens gewisse grundlegende Eigentümlichkeiten, die einen Hinweis geben, daß die beiden fraglichen Verwandten doch wohl zu verschiedenen systematischen Kategorien gehören. Bei kleinen, an den Erdboden gebundenen Tieren ist jene Beschränkung nahegelegt; daher gilt für die in tropischen, mit Urwald bedeckten Inselgebieten häufigen Strudelwürmer (Planaria) die Regel, daß sogar nah benachbarte Eilande fast nie die gleichen Arten besitzen. Aber die leichtbeweglichen Vögel zeigen dieselbe Gebundenheit.

Die gleichmäßige oder harmonische Verteilung einer Vogelgattung über einen Archipel treffen wir z. B. auf den Antillen. Hier haust von den Papageien (Gattung Conurus und Chrysotis), den Zuckervögeln (Coereba) und Plattschnäbeln (Todus) auf jeder größeren Insel eine endemische Art. Ganz entsprechend verhalten sich in der malaiischen Inselwelt die kleinen Fledermauspapageien (Loriculus) und die langgeschwänzten Paradieseisvögel (Tanysiptera). Aus der Fülle von Beispielen, welche die Insekten bieten, sei der Reichtum betont, mit dem z. B. die schwalbenschwänzigen Schmetterlinge (Papilionidae) oder die bunten Käferzirpen (Cosmoscarta) jenes Inselgewirr in ähnlicher Verbreitungsweise anfüllen.

Eins der klarsten Beispiele harmonischer Artenverteilung über einen Inselschwarm bietet jedenfalls die tierische Bevölkerung der Galapagosinseln. Diese Gruppe von fünf größeren und elf kleineren altvulkanischen Inseln liegt gerade auf dem Äquator und etwa 1100 km von der Westküste Südamerikas entfernt. Von Landtieren sind die Amphibien gar nicht, die Säugetiere kaum vertreten — eine Tatsache, die im Tierleben landferner Inseln oftmals wiederkehrt. Dagegen sind Vögel und Kriechtiere gut entwickelt, wenn auch weniger an Gattungen als an Arten, die sie bilden. Von ersteren ist eine Form, die Schleiereule, ein weltweit verbreitetes Tier, einige weitere, wie der gemeine Reisdieb (Dolichonyx oryzivorus), finden sich auch in Südamerika und Westindien. Sodann kommt noch auf den meisten Inseln des Archipels gleichzeitig eine Taube (Nesopelia galapagensis) vor. Diesen dreien stehen aber fünf ganz eigentümliche, an Arten und Formen teilweise sehr reiche Gattungen gegenüber. Sie gehören zu den Spottdrosseln (Gattung

Nesomimus), Zuckervögeln (Certhidea) und Finken (Cactornis, Camarhynchus und Geospiza). Von den ersten beiden Gruppen ist aber jede Art immer nur auf einer der größeren Inseln oder allenfalls auf mehreren dicht benachbarten von den kleinen Eilanden zu finden.

Während die beiden Schlangenarten nahe Verwandtschaft mit der Reptilienfauna Südamerikas besitzen, sind die Riesenformen der Landschildkröten und die auf vier Gattungen sich verteilenden Eidechsen ganz eigenartig, und sie zeigen jene Beziehung der artlichen Sonderung zur Landverteilung in schönster Ausprägung. Namentlich aus der Chorologie der einen Eidechsengattung (Tropidurus) geht hervor, daß von ihr nicht eine einzige Insel mehr als eine Form enthält, und daß diese eine Form für sie eigentümlich ist.

Auch die Kerbtierwelt der Galapagos läßt bei aller Armut an Formen den wiederholt belegten Charakterzug nicht vermissen. Besonders die Geradflügler schließen sich der Verbreitungsweise der Vögel und Lurche eng an.

Die Tatsachen, welche uns in den letzten Ausführungen über das Vorkommen nahe verwandter Arten in dicht benachbarten, aber räumlich getrennten Einzelgebieten bekannt wurden, lassen sich benutzen, um die Tiergeographie zur Lösung der hochwichtigen und schwierigen Frage von der Entstehung der Arten heranzuziehen.

3. Kap. Bedeutung für die Abstammungslehre.

Im Verlaufe der letzten vierzig Jahre ist die schon früher vorbereitete Anschauung von allen Naturforschern angenommen worden, daß die gegenwärtige Erscheinung der belebten Welt das Ergebnis einer Entwicklung vom Einfachen zum Höheren darstelle; insbesondere ist man der Überzeugung, daß der Reichtum an Arten, wie ihn die heute vorhandenen höheren Systemsgruppen von Pflanzen und Tieren aufweisen, nicht auf einmal geschaffen sei, sondern aus einer geringeren Zahl von Arten seinen Ursprung genommen habe. Mit anderen Worten: die Tierarten — welche uns hier allein zu beschäftigen haben — stammen nach der Abstammungs- oder Deszendenzlehre von anderen Arten ab.

Dafür gibt die Verbreitung der Säugetiere, um diese uns vertrauteste Tierklasse zu benutzen, deutliche Hinweise. Wenn wir die tropischen Gürtel der Alten und Neuen Welt vergleichen, so ernährt bei ganz ähnlicher Naturbeschaffenheit jede Erdhälfte sehr verschiedene Familien und Unterfamilien. Nur in Südamerika gibt es Faultiere, Gürteltiere und Ameisenbären, während die ähnlich beschaffenen und ähnlich lebenden Schuppentiere und Erdferkel nur in Afrika und Indien getroffen werden; das gleiche Verhältnis besteht für die Lamas und Kamele oder breit- und schmalnasigen Affen. Dagegen hat Nordamerika, zumal in seinen nördlichen Breiten, manche Gattungen und selbst Arten mit der Alten Welt gemeinsam, wie die Hirsche, Wildrinder, Dachse, Lemminge. Daraus läßt sich schließen, daß da, wo die beiden Landmassen sich berühren, auch der Ausgangspunkt für ihre Besiedlung mit Säugetieren gelegen hat, und daß diese ursprünglich näher verwandt waren, sich aber beim Vordringen nach Süden zu wesentlich abweichenden Formen und Gruppen umgewandelt haben.

Über die Ursachen der Artenentwicklung haben die berühmten englischen Naturforscher Charles Darwin und Alfred Russel Wallace gleichzeitig eine Erklärung aufgestellt, die man nach dem ersteren die Darwinsche Theorie oder den Darwinismus nennt. Diese Lehre stellt zunächst fest, daß jede Tierart nicht von lauter sich vollständig gleichenden Einzelwesen gebildet wird, sondern daß diese sich untereinander durch kleine Abweichungen unterscheiden, Varietäten bilden, wie sie etwa in stärkerer Ausbildung unsere Haustiere (Rinder, Hühner, Tauben) zeigen. Ferner wird gezeigt, wie diese Abänderungen sich als solche nicht nur bei einem Individuum finden, sondern auch bei dessen Nachkommen wiederkehren, also vererbt werden. Drittens bedingt die starke Vermehrung mancher Tierarten — bei Fischen und niederen Tieren kann ein Weibchen Hunderttausende von Eiern ablegen — ein Mißverhältnis der Zahl der Jungen zur Möglichkeit des Lebensunterhaltes, infolgedessen zwischen den Individuen jeder Art ein Kampf ums Dasein geführt wird. In diesem Kampfe ums Dasein, so lehrte Darwin, siegen diejenigen Varietäten ob, welche durch den Besitz irgendeiner nützlichen Eigenschaft (Körpergröße, Stärke, Schutzfärbung u. a. m.) vor den solche entbehrenden Artgenossen begünstigt sind. Indem die so überlebenden passendsten Varietäten ihre Besonderheiten auf ihre Nachkommen vererben, sollen diese immer schärfer ausgeprägten Varietäten allmählich selbst zu eigenen Arten werden.

Diese letztere Annahme Darwins und seiner Anhänger, daß die Entstehung neuer Arten durch eine Auswahl und Erhaltung der passendsten Varietäten, durch „natürliche Zuchtwahl" erfolge, geht nach dem Urteil vieler heutiger Zoologen zu weit. Während nämlich die Voraussetzungen Darwins richtig sind, ist seine Schlußfolgerung falsch. Durch die Vernichtung der zum Daseinskampfe schlechter ausgerüsteten Formen wird der Durchschnitt der Gesamtheit gehoben, d. h. von den Merkmalen der zahlreichen Varietäten kehren in der Vererbung allmählich nur diejenigen wieder, welche den Anforderungen der äußeren Daseinsbedingungen am besten entsprechen. Es ist somit nur eine, durch diese letzteren herausgearbeitete Richtung, nach der hin sich das Durchschnittsbild der Artindividuen ummodelt, und hieraus wieder ergibt sich, daß durch Naturzüchtung allein aus einer Form nur eine andere entstehen kann, niemals aber deren zwei. Um dies zu erreichen, müßte eben die Abänderung der Stammart nach mehreren, sich voneinander entfernenden Richtungen erfolgen können; dies ist aber aus folgendem Grunde unmöglich.

Da die Unterschiede, die sich in den zwei oder mehr Richtungen der Artumwandlung auszuprägen hätten, ursprünglich sehr geringfügige sind, stellen sie der Kreuzung und Fortpflanzung verschiedener Varietäten kein Hindernis entgegen und werden auch auf deren Nachkommen vererbt, so daß diese die Merkmale der verschieden gearteten Eltern gleichzeitig in sich vereinigen. So muß ein fortwährendes Durchkreuzen und Zusammenfließen aller durch die Naturzüchtung ausgelesenen Eigenschaften erfolgen, das die Herausbildung mehr denn einer bestimmten Wandlungsrichtung nicht aufkommen läßt.

Diese, also die Entstehung getrennter Arten aus einer Stammform, kann vielmehr nur unter dem Einflusse verschiedener Daseinsbedingungen vor sich gehen, unter denen die ihnen unterworfenen Formen ihre Lebensverrichtungen und Merkmale dauernd ändern und diese Abänderungen vererben müssen. Verschiedenheit der Bedingungen ist aber gleichzeitig nur an verschiedenen Örtlichkeiten möglich, folglich können abänderungsfähige Tierformen nur dann sich zu mehreren unterschiedenen, neuen Arten entwickeln, wenn sie räumlich voneinander getrennt sind. Auf Grund dieser Gedankenverknüpfung haben wir die räumliche Sonderung als notwendige Voraussetzung für die Artenbildung überhaupt anzusehen, ja wir können auf Grund des jetzigen Wissens von der Chorologie der Tiere diesen Satz dahin umkehren, daß die örtliche Trennung früher oder später stets Bildung einer neuen Art hervorrufen muß.

Den Nachweis, daß die räumliche Sonderung für die Entstehung von Arten eine Grundbedingung ist, hat zuerst der deutsche Zoologe Moritz Wagner von 1868 an geliefert und durchgeführt. Er zog zwar die Voraussetzungen seiner für die Abstammungslehre wie für die Tiergeographie außerordentlich wichtigen Lehre etwas zu eng, insofern er als Bedingung für die Ausbildung einer Anzahl von Artangehörigen zu einer neuen Art nur ihre wirkliche Auswanderung aus dem Wohngebiete aufstellte. Sicherlich findet die Versetzung einer oder der anderen Spielart unter andere Lebensbedingungen, also in ein getrenntes Entwicklungsgebiet, oft durch wirkliche Auswanderung aus dem Gebiete der Stammart statt, da an und für sich jede Tierart das Bestreben hat, ihr Bereich auszudehnen. Dieses Mittel zur räumlichen Sonderung, die Migration, schwebte M. Wagner bei der Ausarbeitung seiner Gedanken am meisten vor, und deshalb ging die von ihm begründete Lehre zuerst unter dem Namen „Migrationstheorie". Es fehlt keineswegs an Stützen für diese Auffassung Wagners. Unter den Stelzvögeln sind die Rallen — mit unserer Wasserralle, dem Wachtelkönige, dem Bläßhuhn usw. — eine scharf herausgehobene Sippe von fast weltweiter Verbreitung, die auch die kleinen Inseln und Inselchen im Weltmeer einschließt. Da die festländischen Arten auf Inseln gern als Sonderformen auftreten, da die Rallen trotz sehr geringer Flugfähigkeit weite Wanderungen durchführen, da endlich bei manchen Inselarten die Flügel verkümmert sind, so ist es möglich, daß die Entwicklung der Ralliden wesentlich aus „Migration" hervorgegangen ist.

Allein der Zweck der räumlichen Sonderung, der I s o l a t i o n oder S e p a r a t i o n, kann auch durch andere Mittel als durch Auswanderung geschehen; deshalb spricht man besser von „Separationslehre". Es wird z. B. ein ursprünglich einheitliches Landgebiet durch vulkanische Ausbrüche, sich erhebende Gebirgsschranken, durchbrechende Meeresarme in Teilgebiete zerlegt; durch ähnliche Vorgänge spaltet sich eine Insel in mehrere; ein Süßwassersee zerfällt durch Senkung des Wasserspiegels in mehrere Becken; durch große Brände wird ein Urwald auf Teile seiner Fläche gebracht usw.

Sogar in weit kleineren Verhältnissen können wir die Wirkung der Isolation beobachten, weil schon Temperatur,

Vorkommen der Nahrung, die vorherrschende Windrichtung, Art und Dauer der Jahreszeiten die Verbreitung der Arten zu beeinflussen vermögen; dadurch erklärt sich das Vorkommen nahe verwandter Arten in einem verhältnismäßig engen Bezirke: Verschiedenheit der Lebensweise oder des Aufenthaltsortes sind es, welche die Isolation bewirken.

Wenn aber selbst nahe verwandte Formen gegenwärtig unter gleichen Lebensbedingungen in ein und demselben Gebiete vorhanden sind, so können sie doch einstmals infolge Isolation in getrennten Gebieten sich entwickelt und erst nachträglich durch Migration einander auf gleichem Boden getroffen haben. In diesem Falle haben wahrscheinlich die Arten während ihrer Sonderentwicklung solche Eigentümlichkeiten des inneren Baues vererbbar erworben, daß späterhin eine Vermischung, d. h. Kreuzung beider, nicht mehr stattfinden konnte.

Die Betrachtungen dieses Kapitels können wir jetzt dahin zusammenfassen, daß die Tiergeographie der Abstammungslehre eine geographische Grundlage gibt, wonach die Entstehung jeder Art von dem Vorhandensein eines bestimmten, räumlich gesonderten Gebietes abhängig ist. Dieses Entstehungsgebiet festzustellen ist eine der Aufgaben unserer Wissenschaft; da dies aber häufig nicht an der Hand der jetzt geltenden Verbreitungstatsachen gelingt, müssen auch die Verhältnisse aus den vergangenen erdgeschichtlichen Zeiträumen untersucht werden, und damit tritt die Zoogeographie in Beziehung zur Geologie.

4. Kapitel. **Bedeutung für Erdgeschichte und Versteinerungskunde.**

Nach den Ausführungen des vorigen Kapitels haben wir den Satz anzunehmen, daß ein auf Abstammung gegründeter Zusammenhang zwischen den Tieren vorhanden ist, daß jede

Art aus einer anderen oder wahrscheinlicher, zwei aus derselben Wurzel entstanden sind. Auf dieser, das Dogma eines einmaligen Schöpfungsaktes ausschließenden Auffassung fußend, sieht sich der Tiergeograph einer Unzahl von zunächst rätselhaften und nicht ohne weiteres zu beantwortenden Fragen gegenüber. Wie erklären sich die Fälle, wo nahe verwandte Arten durch riesige Zwischenräume getrennt sind? Warum ist z. B. die ganz eigentümliche Gattung von Gliederfüßern (Peripatus) nur in Südafrika, Südamerika, Westindien, Australien und Neuseeland vertreten? Warum gibt es Tapire nur in Südasien und Südamerika, und warum Beuteltiere nur in Australien und Amerika? Alle anderen Erklärungsversuche versagen gegenüber diesen Schwierigkeiten, nur die Kunde von den versteinerten Resten der Tiere, die Paläontologie, kann helfen. Durch sie erfahren wir, daß oftmals solche, jetzt nur in weiter Zerstreuung vorkommende Formen in vergangenen Lebensaltern unserer Erde weit ausgedehntere Landstrecken, oder daß jetzt seltene Meerestiere ganze Ozeane bewohnt haben. Auch die ursprüngliche Heimat ganzer Ordnungen wird enthüllt, die wir jetzt nur von weit abgelegenen Punkten kennen. Bisweilen führt uns die paläontologische Urkunde die Ahnen wieder vor, deren Abkömmlinge als ganz untereinander verschiedene Tiere heutzutage in getrennten Gebeiten hausen, so daß wir, die Zwischenräume überbrückend, den Ursprung solcher „divergenten" Formen erkennen mögen. Freilich sind die Überlieferungen aus der Versteinerungskunde lückenhaft, sie leiten überhaupt nicht in die ältesten Zeiten des Tierwerdens und der tierischen Ausbreitung zurück; gerade für die Säugetiere und Vögel, uns am nächsten stehend, können wir den Gang der Geschichte nur bis in die Tertiärzeit, also eben hinter die geologische Gegenwart verfolgen.

Bei diesen Rückblicken in die geologische Vergangenheit

tritt aber die Tiergeographie auch in nahe Beziehung zur eigentlichen Geologie, soweit diese die Geschichte der wagerechten und senkrechten Veränderungen der Erdoberfläche darlegt, die einstige Höhe der Kontinente über dem Seespiegel, das Entstehen und Vergehen von Inseln und Archipelen sowie die langsamen Schwankungen des Meeresstandes nachzuweisen sich bemüht. Wo wir also durch die historische Geologie Kenntnis von anderer Landverteilung in vergangenen Epochen haben, können wir die Möglichkeit von Wanderungen zu einer Zeit, die Unmöglichkeit von Rückwanderungen zu einer anderen erschließen. Solche Veränderungen gestatteten es ganzen Ordnungen von niedriger Organisation, wie den Beuteltieren Australiens, den Halbaffen und Insektenfressern Madagaskars, sich in Gebiete zurückzuziehen und da zu erhalten, wo sie vor dem Eindringen größerer und höher entwickelter Formen und der Ausrottung durch diese geschützt waren.

Ein lehrreiches Beispiel von der Beziehung zwischen Vorkommen und Erdgeschichte bietet in der Heimat die Landdeckelschnecke Pomatias septemspiralis, die in Südeuropa verbreitet ist, aber auch in den Alpen und in Deutschland bis zur Donau vorkommt. Dies ihr nördliches Vorkommen ist sehr zerstreut, scheinbar launenhaft, wenn sich die Schnecke u. a. am Vierwaldstättersee bei Brunnen, aber nicht bei Altdorf findet. Beachtet man jedoch die geologische Beschaffenheit des Bodens, so ergibt sich ausnahmslos, daß sie nur auf jüngerem Schichtengestein lebt, zumal des Jura, der Kreide und des Tertiärs, während sie das Urgebirge streng meidet.

In dieser und ähnlicher Weise benutzt die Tiergeographie Tatsachen, welche ihr die Geographie der Vorzeit neben derjenigen der Gegenwart liefert, um die vielen schwierigen Probleme der heutigen Tierverbreitung der Lösung zuzuführen. Jedoch ist jene Wissenschaft auch imstande, andererseits der Geologie zu Hilfe zu kommen, wo deren Tatsachenmaterial und Erkenntnisvermögen ihre Grenzen finden.

Indem sie die gegenwärtige und die frühere Verbreitung feststellt und dabei die Lebensbedingungen und Verbreitungsmöglichkeiten der einzelnen Tiergruppen berücksichtigt, kann sie nicht selten Veränderungen des Erdbildes offenbaren, das Vorhandensein jetzt versunkener Festländer behaupten, weil ihre tierischen Bewohner in der Nachbarschaft erhalten geblieben sind, sie kann auch eine andere Bodenbeschaffenheit, andere Pflanzendecke und ein anderes Klima für gewisse Gebiete voraussetzen, wenn das fossile Vorkommen von Tieren feststeht, die erfahrungsgemäß auf andere Lebensbedingungen angewiesen sind, als sie gegenwärtig in jenen Gebieten bestehen. Freilich ist bei solchen Wiederherstellungen des vorzeitlichen Kartenbildes das stammesgeschichtliche Alter der Tiergruppen wohl zu beachten, weil alte Formen im Laufe der Zeiten viel mehr Möglichkeiten hatten, sich über die Erde auszubreiten als solche von späterer Entstehung.

Es ist also ein wechselseitiges Hilfsverhältnis, das zwischen Zoogeographie und Geologie besteht, wobei jeder Teil die Fortschritte des anderen berücksichtigen und zur Feststellung und Prüfung seiner eigenen Ergebnisse verwenden soll.

Die Überlegungen der vorstehenden vier Kapitel setzen uns in den Stand, die Aufgaben und die Leistungsfähigkeit der Tiergeographie in ihren Umrissen festzulegen.

Danach soll diese Wissenschaft erstens die allgemeine Stellung der tierischen Welt zum Erdraum und zu dessen Teilen dartun, die verschiedene Abhängigkeit der Tiergruppen von den Lebensbedingungen und äußeren Verhältnissen und die dadurch hervorgerufene Lage der Verbreitungsgebiete zur Oberflächengestalt des Globus andeuten: Allgemeine Tiergeographie.

Zweitens lehrt die Tiergeographie, wie die Verbreitung der einzelnen Tierklassen sich in den großen Lebensbezirken der Erde darstellt, und wie diese letzteren nach der Verschiedenartigkeit ihrer Bewohner in Gebiete zerfallen: Besondre Tiergeographie.

Drittens erklärt sie die heutige Verteilung der Tierwelt aus dem Vorkommen ihrer Angehörigen in früheren geologischen Zeiträumen, stellt die Entstehungsgebiete der einzelnen Gruppen fest und weist die Veränderungen in der Oberflächengestaltung der Erde nach, soweit tiergeographische Tatsachen sie ergeben.

In der nachfolgenden Behandlung unseres Gegenstandes werden die beiden ersten von den obengenannten Gesichtspunkten systematisch erörtert werden, der dritte aber dazwischen an passender Stelle Erwähnung finden.

Zweiter Abschnitt.

Allgemeine Tiergeographie.

5. Kapitel. Die Tierwelt und der Erdraum.

Der von den Tieren gestellte Anteil der „Biosphäre" erstreckt sich über den Erdboden und auf eine mehrere Kilometer hohe Luftschicht über ihm, nimmt ferner den gesamten Inhalt des Weltmeeres von der Oberfläche bis zu jeder bisher erloteten Tiefe ein, von der Erdkruste dagegen nur die alleroberste Schicht von kaum einigen Metern Dicke, wenn man von den Höhlen oder unterirdischen Gängen absieht, die ja nur Einstülpungen der Oberfläche selber sind.

Bei dieser Bemessung muß indessen zwischen eigentlichem Wohnraum und bloßem Spielraum unterschieden werden. Jener umfaßt wenigstens den Ort, wo das Tier geboren wird, und wo es mindestens schläft, d. h. wo Nahrungserwerb und die Tätigkeit der meisten Sinne ruhen; in diesem kann es nur mit regelmäßigen, im Wohnraum verbrachten Unterbrechungen verweilen. Demnach ist die Atmosphäre nur Spielraum, niemals Wohnraum. Denn es gibt kein Tier, das seine sämtlichen Lebensverrichtungen in der Luft verrichten könnte, ohne von Zeit zu Zeit auf den Boden oder ins Wasser zurückzukehren. Die Hydrosphäre und die Erdfeste (Lithosphäre) aber können Wohn- und Spielraum zugleich sein.

Die Größe des von der Tierwelt bewohnbaren Raumes übertrifft bekanntlich, infolge der Unabhängigkeit des tierischen Lebens vom Sonnenlichte, nicht weniger als fünfmal den der Pflanzenwelt zugänglichen, allein der Eindruck des Weiten vermindert sich bei der Erinnerung, daß dieser Erdraum etwas Gegebenes, Unveränderliches ist. Trotz seiner 506 Millionen qkm Fläche ist der Erdraum enge, weil er für die eingeschlossene Masse tierischen Seins unfähig zur Erweiterung ist. Falls diese zunimmt, wie wir es uns vorstellen können — und wie es in einzelnen Erdepochen wohl tatsächlich stattgefunden haben mag —, muß das Tierleben doch stets an der in jener Zahl verkörperten Grenze Halt machen, umkehrend sich mischen und verdichten. Alle Einflüsse, die seit Äonen aus der Erde selbst oder aus dem Weltenraume heraus auf die Entwicklung der belebten Materie fördernd oder hemmend, mehrend oder vernichtend sich erstreckt haben, sind daher nur innerhalb des Erdraumes wirksam gewesen. Die tierische Gesamtheit kann ihnen weder ausweichen noch ihrer Anziehung entgegenkommen, sondern muß sie aufnehmen, sich von ihnen durchdringen lassen oder sie bekämpfen — eine gärende Masse, die aber unfähig ist, überzuschäumen, weil die Wände eines engen Gefäßes sie bannen.

Die Hervorkehrung und Beachtung der Enge des Erdraumes als einer Tatsache von grundlegender Bedeutung kann uns dazu verhelfen, viele einzelne Erscheinungen der Tierverbreitung recht zu würdigen. Wanderungen, Rückzüge, das Aussterben und das Aufkommen ganzer Typen und ganzer Faunen, Strömungen und Wellenschlag in der tierischen Biosphäre überhaupt — sie alle haben ihren Anstoß wie ihre Fortbewegung im Grunde in jener Eigenschaft des tellurischen Mutterbodens.

6. Kapitel. Raumbewältigung und Verbreitungsmittel.

Der Erdraum enthält den Lebensraum. Beide Begriffe decken sich beinahe, wenn man das Tierleben als Einheit ansieht, aber der erste umfaßt zahlreiche, ja praktisch genommen, zahllose Lebensräume der einzelnen Ausprägungen des tierischen Lebens, gleichviel ob wir an systematische Gruppen, an Arten oder Einzelwesen denken; der Lebensraum aber ist der jeweilige Teil der Erde, welcher dem tierischen Wesen die Bedingungen für seine sämtlichen Lebensverrichtungen liefert. Den Lebensraum erfüllt und bewältigt das tierische Leben, d. h. es sucht ihn bis an seine Grenzen für sein Dasein auszunutzen; daher kann die Raumbewältigung als eine allgemeine Lebenserscheinung der Tierwelt und als ein Kennzeichen des tierischen Lebens bezeichnet werden.

Diese Raumbewältigung äußert sich in der Bewegung der tierischen Wesen.

Da die Raumbewältigung wesentlich in horizontaler Richtung erfolgt, so ist sie entsprechend der ungleichmäßigen Beschaffenheit der Erdoberfläche von der Verteilung der Lebensbedingungen abhängig. Es ergab sich aus der Betrachtung über die Beziehungen der Tiergeographie zur Abstammungslehre (Kap. 3), daß die einzelnen Tierformen sich im allgemeinen nur in solche Gebiete verbreiten können, die mit dem Entstehungsgebiete ursprünglich in Verbindung standen: der Zusammenhang des Verbreitungsgebietes ist also eine selten durchbrochene Regel. Abhängig ist dieser Zusammenhang von der Gleichmäßigkeit der Lebensbedingungen. Ist diese gestört, so daß ein Gebiet abweichender, ungeeigneter Lebensbedingungen sich einschiebt, so liegt ein Verbreitungshindernis vor. Soweit die Tiere diesen Hindernissen gewachsen sind, suchen sie sie zu überschreiten, und dazu besitzen sie verschiedenartige Verbreitungsmittel.

Man kann die Verbreitungsmittel in zwei große Gruppen scheiden, in die willkürliche (aktive) und die unwillkürliche (passive) Ortsveränderung.

Die willkürliche Ortsbewegung finden wir schon auf den niedersten Stufen des Tierreichs. Die Urtiere (Protozoa) sind nur zum geringen Teil auf ein Fortfließen der gesamten Leibesmasse beschränkt, vielmehr besitzen die Infusorien vielfach einen Wimperbesatz des Körpers, der eine sehr kräftige und rasche Fortbewegung erlaubt.

Weiterhin treten Geißeln, Ruder, Segel, Flossen, Vorkehrungen, die den Rückstoß eingesogenen Wassers benutzen, und andere Werkzeuge für die Bewegung im Wasser auf. Auf dem Boden wird die einfachste Beförderung des Körpers durch Kriechen bei den Landschnecken zur Vollkommenheit gesteigert, indem die physikalische Wellenbewegung der Teilchen von der Kriechsohle nachgeahmt wird. Nächstdem behilft sich die springende Bewegung bisweilen noch ohne eigene Werkzeuge, während für das Schreiten, Laufen und Klettern sich Hebel und Hebelverbindungen in reichster Mannigfaltigkeit und wundervoller Zweckerfüllung einstellen.

Den Höhepunkt in der Raumbewältigung durch willkürliche Ortsbewegung bedeutet aber das Flugvermögen. Schon bei der einzigen flugfähigen Klasse der Wirbellosen, den Insekten, befähigt es zur Überwindung bedeutender Verbreitungshindernisse (Heuschrecken, Schmetterlinge). Echte fliegende Säugetiere, die Fledermäuse, sind schon in besonderem Grade von den Existenzbedingungen unabhängig: der große Fliegende Hund Indiens (Pteropus medius) führt in größeren Gesellschaften in einer einzigen Nacht, ohne auszuruhen, Reisen von 50—55 km aus, um reife Früchte aufzusuchen. Noch mehr ist diese Ortsbewegung bei den Vögeln gesteigert und sie vermag tatsächlich den gesamten Lebensraum zu bewältigen, denn manche Seevögel, wie die Albatrosse, scheinen mehrere Tage lang in der Luft verweilen zu können, und nordische Stelzvögel durchmessen zweimal in jedem Jahre beinahe den Halbkreisbogen von Pol zu Gegenpol. Indessen bleibt sogar die unabhängigste Ortsbewegung, der Flug, nicht selten unbenutzt, so daß gute Flieger ein beschränktes Wohngebiet haben. So lebt die über ganz Afrika verbreitete Gattung Pteropus der fliegenden Hunde nicht auf Madagaskar; die Geier fehlen in allen Ländern südlich der Malakkastraße, und die Spechte in Australien. Auch die Beschränkung von Vogelarten auf einzelne Inseln und Gebirgszüge weist darauf hin, daß ausgebildete Ortsbewegung keineswegs allein die großen Erscheinungen der Tierverbreitung regelt.

Weniger augenfällig, aber nicht minder wirksam als jene mannigfaltigen Vorkehrungen zur Eigenbewegung, sind die Mittel zum unfreiwilligen Ortswechsel, zur passiven Wanderung und Verschleppung. Sie gehen teils auf physikalische Einflüsse zurück, teils sind andere lebende Wesen die Träger.

Vom Winde werden nicht bloß kleinste Wirbellose, Infusorien, Rädertiere und Würmer weggetragen, sondern durch tropische Wirbelstürme auch stattliche Insekten von Flugkraft. Man sah z. B. einen schwerfällig fliegenden Schwimmkäfer der Gattung Colymbetes sich 85 km vom Lande entfernt auf einem Schiffe niederlassen, und ein fast fingerlanger Prachtkäfer Indiens (Chrysochroa ocellata) wurde lebend in der Bai von Bengalen über 500 km weit vom nächsten Lande gefangen.

An die Verbreitung durch Meeresströmungen ist ein nach Masse und Artenzahl sehr großer Teil der freischwimmenden Seetiere gebunden, den man als willenlos treibenden mit Plankton bezeichnet. Der Küstenstrom in seiner steten Berührung mit dem Festlande trägt Tiere und ihre Keime auf weite Strecken am Lande hin; genauer beobachtet ist seine Wirkung bei der Strandschnecke Litorina litorea, die seit 1869 langsam ihren Weg an der atlantischen Küste Nordamerikas macht.

Jedoch selbst die Vögel scheinen sich bei der Ausbreitung ihres Wohngebietes zuweilen von Meeresströmungen leiten zu lassen, denn man hat das Vorkommen der eigentümlichen, mit den Regenpfeifern verwandten Scheidenschnäbel (Chionis) in den antarktischen Gegenden auf die Westwinddrift mit ihren großen flottierenden Tangmassen zurückführen zu können geglaubt.

Gewisser Einfluß, wenn er auch leicht überschätzt wird, kommt dem Treibholz zu. Ein im warmen Tropenmeere flottierender Stamm kann eine ganze Brut von holz- und moderfressenden Insekten, Tausendfüßern, Asseln wohlgeborgen in sich tragen und an fernen Küsten zur Ansiedlung bringen. Auf diese Weise mag wohl die zirkumtropische Verbreitung mancher Käferfamilien, die in Baumstämmen ihre Entwicklung durchmachen, wie der Passalinae, Dynastinae und Cerambycinae begünstigt worden sein. Von der Landschneckenfauna der Philippinen sind gerade die in Erd- und Baumritzen lebenden Deckelschnecken am weitesten verbreitet, und die Rüsselkäfer, deren Larven großenteils im Holze wohnen, machen zwei Drittel der Käferfauna von St. Helena aus. Obwohl die Landstrudelwürmer kein Seewasser vertragen, gibt es einige Arten von sehr weiter Verbreitung, sogar über die Alte und Neue Welt, was sie dergleichen Übertragungsmitteln — neuerdings auch vom Menschen geleitet — verdanken dürften. Hierbei erleichtert gewissen Arten der Umstand, daß sie sich ungeschlechtlich fortpflanzen können durch mehrfache Teilung eines einzigen Tieres, die Ansiedlung. Auch höhere Tiere, namentlich Reptilien, werden nachweislich durch treibende Stämme und die in Flußmündungen losgerissenen, Pflanzenwuchs tragenden „schwimmenden Inseln" verschleppt, und man hat die ganze Nagetierfauna des Erdteils Australien auf solche passive Einwanderung zurückgeführt.

Treibende Eisschollen sind das wirksamste Verbreitungsmittel für polare Landtiere vermöge der Tragfähigkeit, des Zusammenhanges, der Verbreitung und der Beweglichkeit, die ihnen eigen sind. Wenn wir besonders das nördliche Eismeer mit seiner Umsäumung durch einen fast geschlossenen Landring und der Einsprengung sehr zahlreicher großer Inseln auf der amerikanischen Seite ansehen, so wird es einleuchtend, daß die zirkumpolare Verbreitung des Eisbären, Eisfuchses und Halsbandlemmings (Dicrostonyx torquatus) im Treibeis ihre Ursache hat. Wie könnte sonst der Eisbär trotz seiner Schwimmfähigkeit auf so entlegenen Inseln wie Island, Jan Mayen, der Bäreninsel, ja auf Neufundland erscheinen? Auch der Moschusochs (Ovibos moschatus) wird mehr den winterlichen Eisbrücken seine Verbreitung über den arktischen Archipel verdanken.

Als Transportmittel dienen auch größere Tiere für die kleineren. Diese Gelegenheit nutzen namentlich kleine wasserbewohnende Wirbellose aus, indem sie sich oder ihre Eier an den Füßen und am Gefieder von Wasservögeln über Länder und Meere tragen lassen. Namentlich die Infusorien sind infolge ihrer Fähigkeit, lange Zeit in ausgetrocknetem Zustande auszuhalten, zu solcher Verschleppung geeignet; sie mag neben dem Verwehen die Ursache sein, daß man auf der ganzen Erde so ziemlich dieselbe Fauna von Urtierchen im Süßwasser findet. Aber auch andere kleine Wesen, wie Fadenwürmer, Rädertierchen, Dauereier von Flohkrebsen und Moostierchen (Plumatella) sind in solchen Lagen gefunden worden.

Für die neuesten Arealgewinne einer Anzahl von Tieren muß der Mensch verantwortlich gemacht werden. Von den Haustieren abgesehen, deren Ausbreitung vorsätzlich und unter künstlichen Bedingungen von ihm veranlaßt wird, sind es eine ganze Reihe von Formen aus fast allen Klassen landbewohnender Tiere, die er namentlich in den letzten hundert Jahren zumeist durch Handel und Seefahrt an entlegenen Plätzen der Erde angesiedelt hat. Die Schiffe selber können Träger dafür sein. Die Seenelke Metridium dianthus des Nordmeers ist auf diese Weise im Triester Golfe seßhaft geworden. Dergleichen Eindringlinge haben nicht selten dem Faunenbilde durch ihre Vermehrung bereits einen starken neuen Zug aufgeprägt.

7. Kapitel. **Verbreitungshemmnisse.**

Der Laie ist geneigt, unter den Verbreitungshemmnissen dem Klima die erste Stelle einzuräumen. In der Tat nimmt der Formenreichtum der Landtiere nach dem Nordpol hin rasch und ziemlich gleichmäßig ab; auf der Südhalbkugel fällt dies weniger auf, weil die dortigen Landmassen so weit vor dem Pole endigen. Trotzdem läßt sich ein zwar artenarmes, aber kopfreiches Leben so weit nach Norden hin verfolgen wie das feste Land reicht. Man hat Eisbär und Eisfuchs noch auf Franz-Joseph-Land und auf den nördlichsten arktischen Inseln Amerikas, außerdem Renntier, Moschusochs, Hase, Lemming, Wolf und Schneehuhn häufig vorgefunden, ganz abgesehen von den mächtigen Scharen der Zugvögel, die sich nur für den kurzen Polarsommer einstellen. Auch die Kleintierwelt ist in Bienen, Hummeln und Schmetterlingen noch bemerkbar, in Massen sogar durch Stechmücken vertreten. Der Einfluß des Klimas scheint sich auf den ersten Blick auch dadurch zu bestätigen, daß in nördlichen Breiten die Gattungen und selbst die Arten in ganzen, um den Pol geordneten Gürteln, also zirkumpolar verbreitet zu sein pflegen.

Hiervon abgesehen, erfährt die Parallelität zwischen Klima und Tierverbreitung allerdings einige erhebliche Einschränkungen. Erstens ist es weniger die absolute Höhe der Temperatur, die sich auf das Tierleben von Einfluß zeigt, sondern die Weite der Wärmeschwankung, die an ein und demselben Orte für den Tages- und Jahreskreislauf erwächst. Man hat nach der Anpassungsfähigkeit an das Schwanken der Temperaturverhältnisse die Tiere in stenotherme und eurytherme eingeteilt: jene vermögen derartige bedeutende Schwankungen nicht zu ertragen, sie sind vielmehr an eine mehr gleichmäßige Temperatur gebunden; diese leiden selbst von bedeutendem Wechsel oft nicht sehr. Die sogenannten Warm- und Kaltblüter, richtiger Gleichwarme und Wechselwarme, können übrigens in beiden Gruppen auftreten; z. B. sind unter den Nagetieren der Hase und die Feldmäuse eurytherm, der Hamster und die Siebenschläfer stenotherm; von den Kerbtieren verhalten sich zarte Mücken manchmal weniger empfindlich gegen Kälte als die meisten Tagschmetterlinge.

Vielfach finden eurytherme Wesen ein Hindernis der Raumbewältigung weniger in der Wärmeschwankung als in dem Feuchtigkeitsgehalte der Luft. Die Steppensäugetiere sind entsprechend dem ausgesprochen kontinentalen Klima ihrer Wohnorte gegen sehr starke Temperaturschwankungen unempfindlich, können sich aber in küstennahen Gebieten nicht halten, weil bei aller Milderung jenes Gegensatzes daselbst die Luftfeuchtigkeit und Niederschlagsmenge einen für sie schädlichen Grad hat. Umgekehrt müssen die ebenfalls eurythermen Landfrösche und Kröten die Trockenländer meiden, weil ihre ungeschützte, an der Atmung beteiligte Haut eine gewisse Dampfspannung der Luft fordert;

ihr Laich vollends hat sehr feuchte Umgebung für sein Reifen nötig.

Als allgemeine Erscheinung kann jedoch gelten, daß die Landtiere weniger von klimatischen Einflüssen beeinflußt werden, weil sie in ihrem Lebensbezirke ständig hohe Amplituden der Wärmeschwankung überstehen müssen, daß sie dagegen in der Oberflächengestalt des Landes und in biologischen Verhältnissen wesentliche Verbreitungshindernisse haben können.

Für die Affen scheint das Sonnenklima von Einfluß zu sein, weil die große Mehrzahl der Arten innerhalb eines äquatorialen Gürtels von ungefähr 30° Ausdehnung zu finden ist, und ihr Vorkommen nur etwa 10° über die beiden Wendekreise hinausreicht; doch ertragen einige Arten starke Winterkälte auf dem Himalaja und in Japan. Auch der Tiger ist nicht das reine Tropentier, als das man ihn sich gewöhnlich denkt, denn er bewohnt die kalten Hochgebirge Zentralasiens und das südliche Sibirien ebenso wohl wie die feuchtheißen Dschungeln Indiens. Von den heutzutage tropischen Elefanten hat eine Art, das Mammut, dereinst die vereisten Gebiete der alten Welt durchstreift.

Die Familie der Eisvögel ist in der heißen Zone an Artenzahl sehr entwickelt; trotzdem finden wir unsere Alcedo ispida bis zu 60° n. B., die amerikanische Ceryle alcyon sogar noch unter dem Polarkreise. Dabei sind beide in ihrem Wohngebiete Standvögel, müssen also die strengste Winterkälte aushalten. Die Papageien lassen sich nach Verbreitung und Lebensweise wohl mit den Affen vergleichen; trotzdem sie aber, bis auf wenige Arten, echte Kinder der Tropenzone sind, haben viele Erfahrungen gelehrt, daß ihnen niedrige Temperatur durchaus nicht ohne weiteres schädlich ist: haben doch entflogene Paare schon bei uns im Freien sich fortgepflanzt! Solche von den eurythermen Säugetieren und

Vögeln geltende Tatsachen sprechen für die Annahme, daß weniger das Klima die Lebensbedingungen für sie bedeutet als die Möglichkeit des Nahrungserwerbes. Wo sich diese ausreichend bietet, da vertragen auch manche Formen aus Familien klimatische Ungunst, die sonst nur in tropischen Strichen ihre Heimat haben. Falls die Nahrung mit Auswahl dem Pflanzenreiche entnommen wird, so ist allerdings eine indirekte Abhängigkeit vom Klima vorhanden, weil ja die Verbreitung der Gewächse einen engen Anschluß an die klimatischen Zonen aufweist; für Fleischfresser sind dagegen die Grenzen viel weiter gezogen.

Die Reptilien weisen nach den Ordnungen einige Unterschiede in der Empfindlichkeit gegen Wärmeschwankungen auf. Schlangen hängen sehr vom Klima ab, werden selten in gemäßigen Klimaten und hören bei 62° n. B. gänzlich auf. Eidechtsen sind ebenfalls wesentlich tropisch, aber sie breiten sich etwas weiter nach Norden aus als die Schlangen, und man findet sie höher auf den Bergen.

Amphibien sind weniger empfindlich für die Kälte; ihre Nordgrenze fällt so ziemlich mit der Linie gleicher mittlerer Jahrestemperatur von 0° C. zusammen, über die hinaus der Boden schon in einer geringen Tiefe stets gefroren bleibt, somit das Überwintern dieser Lurche nicht gestattet.

Von den Landschnecken können wir beinahe am wenigsten eine klimatische Beeinflussung ihrer Ausbreitung behaupten; die hauptsächlichste Ursache ihrer sehr eigentümlichen und an merkwürdigen Problemen reichen Chorologie ist neben topographischen Bedingungen in Veränderungen zu suchen, die in weit zurückliegenden Lebensaltern unserer Erde vor sich gegangen sind.

Die Verteilung der Insekten spiegelt nach der Anzahl von Familien, Gattungen und Arten fast immer getreu die Üppigkeit und Lebensfülle der Tropen wider, so daß nichts näher liegt, als die Ursache dafür in der Tropensonne zu suchen und demnach das Klima überhaupt als stärksten Einfluß auf die geographische Verbreitung der Kerfe anzusehen. Allein sie sind wohl von allen Tieren auf die wunderbarste Weise an besondere Bedingungen angepaßt, vermögen oft nur einen einzigen Platz in der Natur auszufüllen, so daß die biologischen Schranken für ihre Ausbreitung fast ebenso zahlreich und wirksam sind wie ihre Mittel zur Ausbreitung.

Anders als bei den Landtieren liegt die Sache bei den Seetieren, die wesentlich zu den „wechselwarmen" gehören. Die Temperaturschwankungen der Ozeane sind zunächst im allgemeinen nicht so bedeutend wie die der großen Festländer, und andererseits ist der Betrag dieser Schwankungen in den verschiedenen geographischen Breiten ein sehr verschiedener, so daß sich die Unterschiede bei der marinen Tierwelt in viel bedeutenderem Maße bemerkbar machen. Nach zahlreichen Messungen hat sich nämlich ergeben, daß in den äquatorialen Teilen der Ozeane eine fast gleichmäßige Temperatur herrscht, die nur geringen Schwankungen unterworfen ist; daß diese Schwankungen mit der geographischen Breite zunehmen, etwa um den 40 Grad n. B. und 20. bis 40. Grad s. B. ihre größte Höhe erreichen, dann aber wieder in den höchsten Breiten, den Polargegenden, auf ein geringeres Maß sinken.

Die Einfachheit dieser großen physikalischen Züge wird jedoch in ihrer Bedeutung für die marine Tiergeographie durch mehrere Einflüsse beschränkt. Zunächst gelten obige Regeln nur für das Oberflächenwasser der Ozeane, während die Tiefsee weit gleichmäßigere Verhältnisse aufweist. Denn jene sind der direkten Sonnenbestrahlung mit ihrem Wechsel der Stärke ausgesetzt, diese empfängt mit der zunehmenden Tiefe immer weniger davon, und in den abyssischen Gründen ist die Temperatur eine ganz gleichmäßig niedrige, weshalb in ihr klimatische Einwirkungen auf die Verbreitung der

Tiere nicht zu erwarten sind. In den oberen Schichten verschieben außerdem die Strömungen die normalen Bedingungen.

Die im Süßwasser lebenden Tiere unterliegen den Temperaturverhältnissen des Landes und deren bedeutenden Wärmeschwankungen. Da sie meistens stenotherm sind, so kann das Klima für sie ein erhebliches Verbreitungshindernis ergeben.

Von den physischen Eigenschaften der Erde gehört die Gliederung ihrer Oberfläche zu den Umständen, welche die Lebensbedingungen (Nahrung, Obdach, Brutgelegenheit) beeinträchtigen und damit ein Hindernis für die Raumbewältigung abgeben können. Es ist in erster Linie das Wasser, das für die Landtiere die strengsten Schranken errichtet. Am deutlichsten kommt diese Wirkung in der Trennung des Festlandes in wenige große Landmassen zur Geltung, denn unsere fünf Erdteile haben seit ihrer Entstehung in den letzten Erdperioden die Entwicklung einer sehr verschiedenartigen Tierwelt erlebt. Insbesondere zeigt sich dieser Einfluß in der verschiedenen Geographie der Nord- und Südhalbkugel. Jene besitzt zu beiden Seiten des Stillen Ozeans sehr breit ausgedehnte, einheitliche Landmassen, die an einer Stelle, der Beringstraße, fast zusammenstoßen; dementsprechend trägt die höhere Tierwelt im gemäßigten Gürtel der Alten und Neuen Welt ein gleichmäßigeres Gepräge, und zwar am meisten in der Zone der breitesten Landerstreckung. Nach Süden hin schieben sich dagegen weite Meeresbecken, der Stille und der Indische Ozean, zwischen die Kontinente, als Schranken, die einen Austausch der Tierwelt der südlichen Erdteile gegeneinander äußerst erschweren. Wir beobachten daher nicht nur, daß Afrika, Australien und Südamerika sehr starke faunistische Verschiedenheiten zeigen, sondern auch, daß ganze Tierklassen durch das Meer an der Besiedlung großer

Gebiete verhindert wurden. So besitzt die polynesische Inselflur zwischen der Fidschigruppe und Amerika keine Lurche, weil diese keine Berührung mit Salzwasser vertragen.

In kleinerem Maßstabe ist das Wasser innerhalb der Landgebiete selbst als Schranke wirksam, denn es gibt der Fälle eine Menge, wo Ströme das Wohngebiet einer Tierart abschneiden, selbst unter den Vögeln.

Andere topographische Hindernisse der Raumbewältigung drücken sich in der senkrechten Gliederung des Bodens (Gebirge, Tiefebenen), in der Pflanzenbedeckung (Wälder, Grasländer), in der geologischen Beschaffenheit (Wüsten, kalkarme Gebiete) aus. Auch von der Wirkung dieser Schranken erzählt eine Fülle von Verbreitungstatsachen, die nicht einmal beispielsweise erschöpft werden kann. Was die trennende Wirkung von Gebirgszügen anlangt, so ist es eine sehr häufige Tatsache, daß an den zwei Seiten einer Bergkette die Tierwelt eine verschiedene ist, falls jene nur eine solche Längenausdehnung hat, daß sie eine wirkliche Trennung bewirkt, d. h. nicht umgangen werden kann. Andererseits werden Gebirgstiere in ihrer Ausbreitung durch Tiefländer gehemmt, die für sie die Gleichmäßigkeit der Lebensbedingungen unterbrechen; dies kann man z. B. an dem zerstreuten Vorkommen der Steinböcke und der Gemse in Europa und Asien erkennen. — Der zusammenhängende Wald hindert ebensosehr die Wanderung von Bewohnern der freien Flächen, wie diese den Lebensraum reiner Baumtiere unterbrechen. — Die Wüstenformation schließt wieder alle lebenden Wesen aus, die auf Wasser und dichtere Pflanzendecke angewiesen sind, daher die hohe tiergeographische Bedeutung des großen quer durch Afrika und Asien sich hinziehenden Wüstengürtels. In der geologischen Zusammensetzung des Bodens bei Salzsteppen und in kalkarmen Gebieten sehen wir hemmende Erscheinungen, die zum Beispiel die Chorologie der landbewohnenden

Regenwürmer und Strudelwürmer und der gehäusetragenden Lungenschnecken stark beeinflussen müssen.

Im Bereiche des Süßwassers geht die topographische Isolierung ähnlich vor sich wie auf dem Trocknen, in einzelnen seiner Teile aber noch viel weiter, so daß sich dieser Lebensbezirk aus einer großen Anzahl von räumlich getrennten Gebieten zusammensetzt, deren jede im allgemeinen durch ein selbständiges Flußgebiet bezeichnet wird. Freilich entstehen infolge der großen Beweglichkeit des Wassers und der oft so niedrigen Wasserscheiden vielfach Verbindungen und Mischungen.

Dem Lebensbezirke des Festlandes einschließlich der Binnengewässer stehen die marinen Lebensbezirke mit einem mehr oder minder vollkommenen Zusammenhange ihrer Lebensräume gegenüber, was ihre wagerechte Ausdehnung und ihren äußeren Umriß anbetrifft. Größere Unterbrechungen entstehen hier nur durch den weiteren Einfluß der Wassertemperatur, also durch Verbindung topographischer und klimatischer Schranken. In der Tiefsee, wo keine Wärmeunterschiede gelten, gibt es überhaupt keine durchgehende Trennung.

Verbreitungshemmnisse können endlich auch ökologischer Art sein, d. h. aus gegenseitigen Beziehungen der Lebewesen zueinander hervorgehen. Wenn z. B. eine Art, in der Ausbreitung begriffen, das Gebiet einer anderen, ihr gegenüber im Vorteil befindlichen betritt, so wird sie im Dasein der ihr überlegenen Art ein Hindernis finden. Andererseits sind viele Tiere, namentlich unter den Insekten, vollständig abhängig von ganz bestimmten Pflanzen oder Tieren, die ihnen zur Nahrung, zum Schutze, zum Transporte dienen, so daß deren Fehlen in einem anderen Gebiete für sie ein unbedingtes Hindernis bildet, sich darin anzusiedeln.

8. Kapitel. **Raumbesetzung und Kampf um Raum.**

Die Wirksamkeit der Verbreitungsmittel darf nicht zu hoch eingeschätzt werden. Besonders die Verhältnisse auf Inseln sprechen in vielen Fällen gegen die Annahme, daß die passiven Wanderungen mit Wind und Wellen große dauernde Erfolge hätten. Eine solche schwerwiegende Tatsache ist z. B. die, daß sich auf den landfernen polynesischen Inseln die Lurche gar nicht, die Kriechtiere nur durch Eidechsen, nicht aber durch Schlangen vertreten finden. Wollten wir demgegenüber noch an die Verschleppung durch Treibholz glauben, so dürften die als Fahrzeug dienenden Stämme nur Echsen befördern, müßten aber Schlangen zurückweisen. Jenes Bedenken fordern übrigens auch kleinere Verhältnisse heraus, denn in dem landnahen Irland fehlen häufige Landschnecken des europäischen Festlands, obwohl sie nachgewiesenermaßen dem Seewasser wochenlang zu widerstehen vermögen. Und umgekehrt ist es eine selten durchbrochene Regel, daß Inseln ihre eigenen Tierarten und zwar gerade an Vögeln und fliegenden Insekten besitzen, die sich doch nach jetzigen Anschauungen über Artenentstehung bei so häufiger Zuwanderung von anderwärts heimatsberechtigten Formen nicht hätten herausbilden können.

Die Art und Weise, mit der die Tiere sich Lebensraum verschaffen, ist eben — von Ausnahmefällen abgesehen — keine sprungweise, auf den Zufall angewiesene, sondern eine langsame, regelmäßig fortschreitende. Man nennt die Raumbesetzung der Tiere gewöhnlich „Wanderung", führt aber damit eine falsche Vorstellung ein. Denn es findet dabei nicht eine Ortsbewegung wie etwa bei Völkerwanderungen statt, wo das ursprüngliche Wohngebiet verlassen und ein neues erobert wird, sondern eine Form erweitert ihr Gebiet über die Grenzen hinaus, indem sie sich an einem neuen Punkte festsetzt und von diesem zu einem anderen fortwächst. Nicht als Auswanderung und Eroberungszug, sondern als langsame Besiedlung ist also die Raumbesetzung zu denken.

Dieses Wachstum eines Lebensgebietes über seinen alten Raum hinaus geht aber höchst selten von einer oder wenigen Stellen aus, so daß es sich auf bestimmten Wanderungswegen fortzöge, die man durch Linien auf einer Karte wiedergeben könnte. Vielmehr breitet sich die Ausdehnungsbewegung über weitere Flächen aus, die ungefähr die Form von konzentrischen Kreisen oder Ellipsen haben; es ist deshalb angebracht, von Ausbreitungsgebieten statt von Wanderungswegen oder -linien zu sprechen. Die Ausbreitung wird allerdings vielfach, geleitet durch die Lebensbedingungen, in einer Hauptrichtung vor sich gehen.

Die Vermehrung der tierischen Individuen würde, zumal sie in geometrischer, nicht in arithmetischer Folge verläuft, den Lebensraum allmählich erschöpfend ausfüllen, wenn nicht auf dem Wege des Naturgesetzes ein ständiger Ausgleich stattfände. Dieser die Übervermehrung der Tierwelt hintanhaltende Einfluß wird nach Darwins Vorgange gewöhnlich „Kampf ums Dasein" genannt. Aber zufolge der Abhängigkeit aller Daseinsbedingungen vom Raume muß in jenem zunächst ein Kampf um Raum erblickt werden (F. Ratzel). Die Nahrung ist das häufigste und dringendste Bedürfnis für jedes Tier, und der Erschöpfung dieser Quelle des Lebens auf einer Raumeinheit muß alsbald die Ausnutzung der nächsten folgen. Wie schnell dabei ein Wettbewerb mit dem Nachbarindividuum eintritt, hängt von der Dichtigkeit des Wohnens ab; die unmittelbare Beobachtung jedoch wie auch die Schlußfolgerungen aus der Geschichte des Lebens auf der Erde lehren, daß dieser Wettbewerb in zahlreichen Fällen sehr bald eintritt.

Der Kampf um Raum wird nicht nur von Einzelwesen,

sondern allgemein auch von Arten ausgefochten. Die schwächere Art wird beim Versuche der Raumgewinnung von der stärkeren zurückgewiesen oder umgekehrt von dieser aus ihrem eigenen Gebiete verdrängt, und zwar je kleiner dies ist, um so rascher und vollständiger.

Nicht immer ist natürlich das Einwandern einer neuen Art die Folge, daß eine andere als die schlechter gestellte ausgemerzt wird. Oftmals ist der Wohnraum groß, die Wohndichte gering, oder die Lebensbedingungen sind für jede Art etwas verschieden, so daß sie sich darein teilen. Es schichten sich also in diesen Fällen die neuen Wohngebiete gleichsam zwischen und über die alten. Auch schließt es der Standpunkt der Separationslehre nicht aus, daß in ein und demselben Gebiete zwei nahe verwandte, aber systematisch vollkommen selbständige Arten unter ganz gleichen Bedingungen vorkommen: es können ja diese Formen sich einstmals an getrennten Punkten zu Arten entwickelt haben und erst nachträglich während der Ausbreitung zusammengetroffen sein. Während des gesonderten Verlaufes ihrer Entwicklung müssen sie freilich derartige Besonderheiten des Baues erworben haben, daß eine Vermischung später nicht mehr geschehen kann.

9. Kapitel. **Entstehungszentren und Erhaltungsgebiete.**

Wie der heutige Zug in der Biologie immer mehr dahin geht, den Werdegang, das Entstehen einer körperlichen Erscheinung aufzuhellen, so wird jetzt in der Tiergeographie stets die Frage nach dem Zustandekommen der Verbreitungstatsachen aufgeworfen. Ob eine Tierart an einem bestimmten Orte entstanden oder dort nur eingewandert ist, wo sie also ihr eigentliches Entstehungsgebiet oder -zentrum hat, das ist bei der Beherrschung unseres Forschungszweiges durch die Separationslehre eine Hauptfrage.

Von diesem Gesichtspunkte aus lassen sich die tierischen

Bewohner einer Örtlichkeit zunächst in zwei Gruppen sondern, denen eine dritte auf Grund einer etwas anders verlaufenen Entstehung gegenüberstehen mag. Die einen Arten sind an Ort und Stelle selber herausgebildet worden; sie heißen Autochthonen. Die anderen sind von andersher eingewandert als Immigranten.

Wie aber läßt sich von so vielen Arten ermitteln, ob sie an dem und dem Orte ihr Entstehungs- (Schöpfungs-) zentrum haben? Sehr oft wird die Entscheidung für Ortsbürtigkeit getroffen, wenn das Mittelfeld eines größeren Verbreitungsgebietes vorliegt, in dem eine Tierart oder Gruppe die reinste Ausprägung zeigt. Daß dies letztere der Fall ist, beweist aber durchaus noch nicht ihre Entstehung an Ort und Stelle: Verbreitungsmittelpunkt und Entstehungsort sind noch lange nicht dasselbe.

Folgendes Beispiel ist belehrend. Auf dem riesigen Gürtel baumarmen Landes, der sich bald als Wüste, bald als Steppe quer durch Nordafrika und von Osteuropa nach Mittelasien zieht, leben in zahlreichen Arten die sonderbaren, beinahe wie Zwergkänguruhs aussehenden Springmäuse (Dipodidae). Durch Körperbau und Lebensweise eng an die Bodenverhältnisse ihrer Heimat angepaßt, können sie neben Gazellen, Zieseln, Lerchen und Flughühnern als Charaktertiere jener Gebiete bezeichnet werden. Was läge näher, als dort auch das Zentrum ihrer Entstehung zu suchen? Allein die Stammesgeschichte straft den Augenschein Lügen, denn wir kennen die Fossilreste eines Nagers (Protoptychus Hatcheri) aus den älteren Tertiärschichten Nordamerikas, der die Urform unserer heutigen Springmäuse darstellt und damit deren Entstehungszentrum fernab vom jetzigen Verbreitungsmittelpunkte in die Neue Welt verlegt.

Im Diluvium oder Pleistocän, jener hinter der Gegenwart liegenden Erdperiode, war das Vorkommen der Dipodiden weit ausgedehnter als jetzt, denn sie bewohnten ganz Ost- und Mitteleuropa bis zum Harze, als sich noch ein Steppenklima mit der entsprechenden Flora und Fauna bis dorthin erstreckte. Diese Tatsache beweist, daß wir in der jetzigen Heimat dieser Nagetiere nicht ihr Entstehungszentrum, sondern ein Erhaltungsgebiet zu erblicken haben. Früher waren es viel umfangreichere Flächen, die den Springmäusen die notwendigen Lebensbedingungen boten, weshalb auch ihr Wohngebiet weitere Grenzen besaß; mit der Zusammenziehung der ersteren auf einen Bruchteil starben die Tiere im Westen aus und blieben nur in ihrem jetzigen Reviere erhalten.

Diese Feststellung führt uns auf die dritte Klasse, die wir aus geographischem Gesichtswinkel unter den tierischen Einwohnern eines Gebietes herauskennen, die übriggebliebenen Formen oder Relikte. Wenn es sich ereignet, daß die Einwanderung einzelner Arten oder ganzer Faunen in ein Gebiet dessen ursprüngliche Bewohner nicht aufsaugt, vernichtet oder ganz über die Grenzen hinausdrängt, so können wir uns vorstellen, daß die Autochthonen sich auf einzelne Zufluchtsorte retten, deren besonderen Lebensbedingungen sich anpassend. Ähnliche Verschiebungen würde auch die Änderung der äußeren Bedingungen eines Ursprungsgebietes hervorrufen können, wie eine Klimaänderung, Entstehung eines Faltengebirges, teilweise Unterwassersetzung u. a. m., also ebenfalls den Rückzug von Tierformen auf Teile der früheren Heimat. Indem sie dort erhalten bleiben, bildet sich eine Anzahl von Einzelgebieten heraus, deren früherer Zusammenhang durch die zoogeographischen Eigenschaften gewisser Bewohner, eben der Relikte, bezeugt wird.

Es ist z. B. aus mehreren Gründen wahrscheinlich, daß wenigstens noch in der Tertiärzeit Landbrücken zwischen Europa und Nordamerika bestanden haben, die beide Erdhälften zu einem einheitlichen Wohngebiete für viele Tiere verschmolzen. In Westindien sind die Eichelschnecken (Glandina) in zahlreichen Arten verbreitet, auch in Europa waren sie das ganze Tertiär hindurch reichlich vertreten, aber jetzt findet sich nur noch eine einzige Art in den Mittelmeerländern. Ganz ähnlich steht es mit den wohlbekannten Termiten: von der Gattung Termes, in 200 Arten rund um die Welt verbreitet, finden sich in den Tertiärschichten Nord- und Mitteleuropas viele Arten, während heute nur noch eine ganz im Süden lebt. Später, in der Eiszeit, wurde durch das Vorrücken des Gletschereises manche nordische Tierform nach Deutschland gedrängt, wo sich später der Schneehase, das Schneehuhn, die Lachse, die Nabelschnecke Patula ruderata u. a. auf den Alpenhöhen erhalten haben als weit vom jetzigen Wohngebiete ihrer Verwandten abgesprengte Überbleibsel. Auch in manchen Binnenseen finden sich Tierformen, die sonst nur das Meer bewohnen. Bei Fehlen von Flußverbindungen als Zugangsstraßen gilt die Annahme, daß der See ein vor Zeiten abgeschnittener Meeresteil sei. Derart gibt es im Kaspische Meere noch heute Miesmuscheln (Congeria), die gemeine Herzmuschel, die Strandassel (Idothea entomon) und sogar einen Seehund, der mit der nordischen Ringelrobbe nahe verwandt ist.

Zu welcher der drei Gruppen nun eine gewisse Tierform gehört, ob sie ortsbürtig, eingewandert oder übriggeblieben ist, ob wir also ihren jetzigen Hauptverbreitungsbezirk als Entstehungs- oder als Erhaltungsgebiet anzusehen haben, darüber kann nur die zoologische Systematik entscheiden, die für die Beurteilung der Verwandtschaftsverhältnisse, der lebenden wie der ausgestorbenen Formen, maßgebend ist. Wie leicht man nämlich aus dem bloßen Vorkommen voreilige Schlüsse auf Reliktenzustand machen kann, beweisen die Ölfische (Comephorus), die in wenigen Arten im Eismeere, Stillen Ozean und Baikalsee leben. Bei genauer Feststellung der systematischen Beziehungen ergibt sich, daß der Comephorus baicalensis keineswegs ein Überbleibsel aus dereinst weiter Verbreitung der Familie, sondern in jenem See frei entstanden ist; die Anklänge an marine Arten sind nur das Ergebnis gleichgerichteter Entwicklung, sogenannte Konvergenzerscheinungen.

Sobald aber durch systematische Forschung festgestellt ist, welches die einfachsten, altertümlichsten Merkmale innerhalb einer Verwandtschaftsgruppe sind, wird sich in vielen Fällen behaupten lassen, daß das Entstehungszentrum des Formenringes da liegt, wo die im Besitze solcher befindlichen Arten wohnen; denn ein Verlassen der ursprünglichen Heimat wird zuallermeist das Hervortreten neuer Eigenschaften unter den neuen Lebensbedingungen auslösen. Zwar wird dieser Satz nicht immer gelten, denn es gibt gewisse Typen, die sozusagen ein starres Gefüge haben, sich auch unter neuen Bedingungen wenig verändern, die also leicht zu Trugschlüssen verleiten, wenn man sie als Prüfstein solcher Nachforschungen benutzen will. Hiervon abgesehen, läßt sich aber annehmen: Nicht das Gebiet reichster, nach vielen Richtungen hin gesonderter Artentwicklung ist der Schöpfungsmittelpunkt einer Gruppe, sondern der Sitz der einfachsten, vom Grundtypus am wenigsten abweichenden Formen. Da, wo eine Formenfülle angetroffen wird, liegt meist ein Erhaltungsgebiet des Typus, dem starke örtliche Sonderung und mannigfaltige und förderliche äußere Bedingungen die Ausprägung vieler Abwandlungen ermöglichten.

10. Kapitel. **Lebensbezirke und Verbreitungsbedingungen.**

Wenn wir die Tiere nach der Gleichartigkeit ihrer äußeren Lebensbedingungen gruppieren, so verteilen sich die Gruppen auf verschiedene Lebensbezirke, das heißt auf Bezirke mit gleichförmigen, einfachen Daseinsbedingungen, und diese letzteren beruhen auf verschiedenen Zusammenstellungen von Durchschnittswärme, Feuchtigkeit und Nährmitteln, die entweder auf dem Festlande oder im Meere geboten sind. Danach zerfällt die Erdoberfläche zunächst in zwei große Lebensbezirke: der von Luftatmern eingenommene heißt der festländische oder terrestrische, der andere als vom Meerwasser erfüllt der marine.

Im marinen Bezirke lassen sich wieder zwei natürliche Abteilungen unterscheiden, die sich auf die Abhängigkeit ihrer Bewohner vom Boden gründen. Die vom Boden irgendwie abhängige Tierwelt bildet das Benthal. Sie lebt auf dem Meeresboden oder doch unmittelbar über ihm, weil sie dort ihre Nahrung sucht. Dieser Bezirk begreift sowohl den beleuchteten Ufergürtel wie die dunkle Tiefe der Ozeane in sich, doch ist es wegen gewisser ökologischer Abhängigkeiten nützlich, den ersten Bereich als den litoralen Unterbezirk, den zweiten als den der Tiefsee oder den abyssalen zu sondern. Was über der benthalen Schicht lebt, sei es freischwimmend (Nekton) oder nur schwebend oder von Wind und Strömung an der Oberfläche beherrscht (Plankton), wird als Pelagial zusammengefaßt.

Stellen wir die so begründeten Abteilungen übersichtlich nebeneinander, so erhalten wir folgende Lebensbezirke:

1. Festländischer Bezirk: Kontinental.
2. Mariner Bezirk:
   a) Bodenbezirk des Meeres: Benthal.
      α) Uferbezirk: Litoral.
      β) Tiefseebezirk: Abyssal.
   b) Freiwasserbezirk: Pelagial.

Es empfiehlt sich nicht, einen besonderen Lebensbezirk des Süßwassers oder Fluvial aufzustellen, denn der Bereich der Seen, Teiche, Ströme, Bäche ist überall dem Festlande eingegliedert, seine Bewohner sind für ihre Ernährung und sonstigen Lebensbedingungen auf den Ufersaum und den Boden des Gewässers angewiesen. Auch bestehen zwischen Land- und Süßwassertieren so enge verwandtschaftliche Beziehungen, es sind vielfach Angehörige von landbewohnenden Familien, die ins Süßwasser ausgewandert sind, daß man keine durchgehende Abhängigkeit zwischen dieser aquatischen Lebensweise und der Verbreitung herauskehren kann. Wie das Süßwasser ähnlichen geographischen und klimatischen Bedingungen unterliegt wie das umgebende Festland, so werden seine tiergeographischen Züge am einfachsten beim Kontinental abgehandelt.

Wie es kaum irgendwo in der Natur scharfe Grenzen gibt, so bestehen auch zwischen diesen Bezirken Übergänge, und ihre Bewohner vermischen sich vielfach an ihren Grenzen. Im allgemeinen läßt sich aber behaupten, daß die einzelnen

Tierformen stets nur auf einen dieser Lebensbezirke angewiesen sind, im anderen dagegen nicht zu existieren vermögen. Wenn Fälle in der Natur vorkommen, daß Tiere aus einem in den anderen Bezirk wandern, so haben wir es mit gesetzmäßigen, meist in der Fortpflanzung begründeten Erscheinungen zu tun, während unregelmäßige oder künstlich hervorgerufene Verpflanzung die Lebensfähigkeit der betroffenen Tierform unter allen Umständen in Frage zieht.

Nachdem die Einteilung der Erdoberfläche nach den ursprünglichen Lebensbedingungen der Tiere feststeht, ist es Aufgabe des Tiergeographen, die Verteilung der Tierwelt über die verschiedenen Lebensbezirke zu studieren. In die allgemeine Behandlung unseres Forschungszweiges fällt jedoch noch die Aufgabe, die geographischen Bedingungen anzudeuten, welche die Tatsachen der Verbreitung begleiten und verursachen.

Festland. — Die Verteilung und Form des trockenen Landes hat einen grundlegenden Einfluß auf die Bewohner dieses Lebensbezirkes gehabt. Bekanntlich liegt mehr als doppelt soviel davon nördlich vom Äquator wie südlich von ihm und ebenfalls ungefähr doppelt soviel auf der östlichen wie auf der westlichen Halbkugel; man kann ferner eine Halbkugel abgrenzen, in der das Land an Ausdehnung fast dem Wasser gleichkommt, während es auf der entgegengesetzten zu diesem nur im Verhältnis von ein Achtel steht; endlich besteht es im wesentlichen aus drei praktisch schroff getrennten Massen: der amerikanischen, der eurasiatisch-afrikanischen und der australischen. Diese außerordentliche Zerrissenheit des Kontinentals hat es verhindert, daß die Hauptstämme der Landtiere eine einigermaßen gleichmäßige, durch die Möglichkeit häufiger Kreuzung geförderte Entwicklung nahmen, sie hat im Gegenteil zu der ausgesprochenen Teilung und örtlichen Trennung in zahlreiche Zweige geführt.

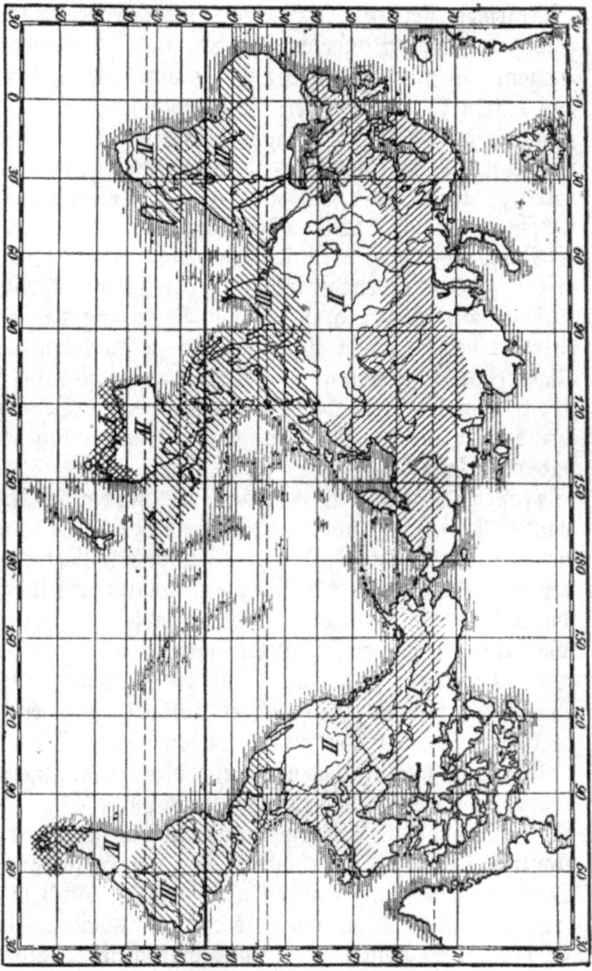

Karte 1. **Klimagürtel der Erde.**

I. Nördlicher Waldgürtel. II. Nördlicher Trockengürtel. III. Südlicher Waldgürtel. IV. Südlicher Trockengürtel. V. Südlich-gemäßigter Waldgürtel.

Andererseits hat eben die breite Ausdehnung des Landes in den nördlicheren Breiten, die nur eine nachträgliche Unterbrechung durch die Beringstraße erfuhr, in zweiter Linie einen gegenseitigen Austausch zwischen Gebieten abweichender Stammesentwicklung und damit einen Ausgleich dieser typischen Verschiedenheiten ermöglicht.

Dem Klima mußte bereits eine besondere Wichtigkeit für die Landtiere aus biologischen Gründen abgesprochen werden; beeinträchtigt wird sie noch durch die eben betonte Zerklüftung des Kontinentals. Immerhin kann die unmittelbare klimatische Einwirkung in der gürtelartigen Verbreitung gewisser Tiergruppen, z. B. der Süßwasserfische und Regenwürmer, wiedergefunden werden, während die Verteilung der Feuchtigkeit allein nach Monsun- oder Passatgebieten namentlich die Chorologie der Landschnecken regelt.

Vom geologischen Baue, von der senkrechten Gliederung und klimatischen Bedingungen hängt das Vorhandensein der großen Gürtel ab, die namentlich in Afrika und Asien den Breitengraden folgen (Karte 1). Sie sind einer der stärksten natürlichen Faktoren für die kontinentale Tiergeographie, da sie geradezu die typische Verschiedenheit der größten Gebiete für die Tierwelt des Festlandes verursacht haben. Die Sahara bildet in Afrika für ganze Tierklassen die Grenze zwischen Formen der gemäßigten und der tropischen Zone, während die zentralasiatischen und mongolischen Wüsten einen riesigen Keil zwischen die Gebiete gleicher Lebensbedingungen in Sibirien und den höheren Lagen des Himalaja-Walles schieben.

Auf der Nordhalbkugel zieht sich zunächst ein breites Band von Wäldern, besonders aus Zapfenbäumen, vom Atlantischen bis zum Stillen Ozean hin und wiederholt sich in Nordamerika. Ihm schließt sich nach Süden ein Trockengürtel an, der bald aus Wüsten, bald aus sommertrockenen Steppen besteht — diese namentlich in West- und Mittelasien —, während in der Neuen Welt die Wüstenzone auf den Südwesten der Vereinigten Staaten und Mexiko beschränkt ist. In den Tropen wird der Trockengürtel durch einen Waldgürtel ersetzt, der Innerafrika, beide indischen Halbinseln und die malaiische Inselwelt bis Polynesien einnimmt; infolge hoher Durchschnittsfeuchtigkeit ist dieser große tropische Urwald immergrün. Im Süden wiederholt sich der Trockengürtel, jedoch ist er in Amerika von geringer Ausdehnung, entsprechend der starken Verschmälerung des Erdteils.

Weil die Jahreszeiten auf das nördliche Waldgebiet einen tiefreichenden Einfluß haben, sind die Lebensbedingungen seiner Tierwelt sehr schroffem Wechsel unterworfen und ihre Anpassungen auf deren Ertragen gerichtet, insofern die Waldfauna darauf angewiesen ist, den Unbilden der Kälte und des winterlichen Nahrungsmangels zu begegnen, z. B. durch Ortswechsel bis zum Wandern oder durch Winterruhe. Daher ist in jenem Gürtel für große Gruppen mit einseitig bedingter Lebensweise, wie Klettertiere oder Baumschnecken kaum Platz. Anders im südlichen Waldgürtel. Eine ganze Lebensgemeinschaft der Baumkronenbewohner konnte sich bilden und brachte artenreiche Familien von Affen, Halbaffen, paar- und unpaarzehigen Vögeln wie Papageien, Pfefferfresser, Eisvögel, ferner Eidechsen, Schlangen und Laubfrösche zur Entwicklungsblüte.

Dagegen erscheinen die Bewohner der Trockengürtel vor allem als Läufer und Springer, weil ihnen Nahrung und Wasser meist nur in weiten Abständen geboten oder zeitweilig ganz entzogen werden. Dergestalt tritt uns eine Artenfülle von Antilopen, Giraffen, Pferden, Kamelen und Lamas, hüpfenden Nagetieren, langbeinigen Raubvögeln, Straußen und Hühnern entgegen.

Endlich ist für viele Erscheinungen und ganze Summierungen solcher in der Tierverbreitung auf der nördlichen Halbkugel die Eiszeit als Anlaß zu betrachten. Während ihrer Herrschaft wurden Nordamerika und Europa bis 40° n. B. zur Hälfte von Eiskappen bedeckt, dergestalt, daß zur Zeit der stärksten Vergletscherung zwischen dem nördlichen Inlandeise und der alpinen Eiswelt nur ein eisfreies Gebiet von etwa 300 km Breite übrigblieb. Da die mittlere Jahreswärme wenigstens 4 Grade niedriger war als heute, und da die vorherrschenden trockenen Nordostwinde die Wälder vernichteten, trug die Landschaft das Gepräge einer Polartundra. Während das Land einer starken jahreszeitlichen Wärmeschwankung ausgesetzt war, stand den Wassertieren nur das gleichmäßig tief abgekühlte Schmelzwasser der Gletscherbäche, Eisseen und Moore zur Verfügung. Unter solchen Lebensverhältnissen mußte die einheimische Fauna untergehen oder auswandern, nur gewisse stenotherme Tiere, an niedrige Wärmegrade angepaßt, konnten sich halten oder anpassungsweise zur Stenothermie übergehen, und weiterhin kam eine arktische Tierwelt ins Land, vom Eise nach Süden gedrängt.

Hierin liegt die Ursache, daß die „Glazial-Relikte" in der heutigen Tierbevölkerung Mitteleuropas ihren Ursprung in ganz verschiedenen Bestandteilen jener eiszeitlichen Mischfauna haben: sie stammen sowohl aus dem fernen Norden und aus dem Hochgebirge, wie sie alte Bewohner unserer Ebenen aus der Voreiszeit sind.

Es kommen Land- und Wassertiere in Betracht, aber letztere in der Mehrzahl, weil das Wasser mit seiner beständigeren Durchschnittswärme mehr Zufluchtsorte bot. In der Gegenwart sind diese Reliktentiere nicht gleichmäßig verbreitet, sondern treten an solchen Orten hervor, die landschaftlich und klimatisch an die eiszeitlichen Verhältnisse anklingen. Von solcher Beschaffenheit ist das „Hohe Venn" zwischen Spaa und Malmedy, eine von Torfmooren bedeckte Hochfläche, im Durchschnitt über 500 m gelegen, wüst und unwirtlich, oft wochenlang in Nebel gehüllt und mit Wintern wie im mittleren Schweden. Hier haust eine altertümliche, arktischalpine Tierwelt. Auf den Heideblüten wiegen sich fast ausschließlich Schmetterlinge des Hochgebirgs und der Polarzone wie Schwärzlinge (Erebia), Perlmutterfalter (Argynnis aphirape), Apollofalter (Parnassius apollo) und der Moorgelbling (Colias palaeno) neben Fliegen und Libellen gleicher Heimat; in den Torfblänken tummelt sich der Schwimmkäfer Agabus congener; in den Bächen der tief eingeschnittenen Schluchten wohnt die Flußperlmuschel, ein Schaltier von zirkumpolarer Verbreitung, und die kalten Quellen bieten den Strudelwürmern Polycelis cornuta und Planaria alpina ein passendes Heim. Der nordische Goldregenpfeifer ist Brutvogel.

Wie sich Schneehase, Steinbock, Schneehuhn u. a. auf das Hochgebirge und Nordeuropa zurückgezogen haben, so gewisse eiszeitliche Landschnecken wie Pupa arctica ins Riesengebirge oder Fruticicola villosa, einige Moosschrauben (Sphyradium columella, Vertigo genesii) und die Schließmundschnecke Clausilia gracilis in die Alpen; Fruticicola hispida hat dagegen auch in der Ebene weite Verbreitung behauptet.

Als die Nordländer völlig vom Eise befreit waren, stellten sich die ursprünglichen Bewohner teils sehr langsam, teils gar nicht wieder ein, und das Gebiet einstmaliger Vereisung wird noch heute von vielen Lebensformen gemieden, die schon längst von Süden her bis an seinen Rand vorgedrungen sind.

Meer. — In hervorragender Weise bestimmen klimatische Einflüsse die Verteilung der Lebewesen im Litoral und Pelagial. Mit der zunehmenden geographischen Breite nimmt die Wärme des Oberflächenwassers im allgemeinen ab, jedoch findet in großer Ausdehnung ein Austausch kalten und warmen Wassers durch verschieden temperierte Strömungen statt, und dadurch werden stenotherme Tiere in Zonen geführt, denen sie entstehungsmäßig fremd sind. Der Golfstrom trägt die Tiere des Südens bis nach Spitzbergen, wo eine Bodenfauna von so üppiger Entwicklung wohnt, wie man sie an den nordeuropäischen Küsten vergebens sucht. Umgekehrt führt die Labradorströmung an die Neuenglandküste kaltes Wasser herbei, das bis Kap Hatteras gelangt. Wenn die pelagisch lebenden Tiere Planktonten sind, das heißt ohne eigene Ortsbewegung von der Strömung getragen werden, so sind deren Vorkommen besonders weite Möglichkeiten gegeben.

Dagegen ist die topographische Gliederung im Meere wenig ausgesprochen, so daß beinahe überall das Benthal im Zusammenhange steht; selten führen hohe unterseeische Rücken zur örtlichen Sonderung von Gebieten verschiedener Wasserwärme und dadurch von Faunen. Das sehr tiefe Mittelmeer z. B. wird durch eine bis über 300 m unter die Oberfläche emporragende Querschwelle von dem Zuflusse kalten atlantischen Bodenwassers bewahrt und erhält sich bis zu 4000 m Tiefe seine gleiche hohe Wärme von 13° gegen nur 2° in derselben Tiefe des Ozeans. Innerhalb des Litorals waltet eine starke, ökologisch bedingte Sonderung nach der Beschaffenheit des Küstenabfalls, wonach sich das jeweilige Tierbild regelt. Beispielsweise ist die Schlickfauna der Watten in unserer Elbmündung wesentlich verschieden von der Lebewelt des Klippengrundes um Helgoland. In größeren Zusammenhängen wird die Bildung von Genossenschaften durch die Gesteinsbeschaffenheit des Küstensaumes (Steinblöcke, Kies, Sand, Korallenbauten) und durch seine horizontale Gliederung bedingt, die umbrandete Steilküsten, stille Buchten, Haffe mit Brackwasser usw. hervorbringt.

Auch im Pelagial bedeuten die schwimmenden Tangfelder gewisser großer Meeresabschnitte eine Art topographischer Eigenheit mit Folgen für die Tierverbreitung.

11. Kapitel. **Typische Verbreitungsweisen.**

Wenn man die Chorologie der Tiere untersucht, so stellen sich gar bald in Einzelfällen wie bei Erscheinungsgruppen häufiger wiederkehrende Bilder, gemeinsame Züge ein, die deshalb herausgehoben zu werden verdienen. Dabei können zwei Abteilungen gebildet werden. In der ersten kommt die Stellung des Verbreitungsgebietes zur Erdoberfläche selber zum Ausdruck, in der zweiten wird die Verbreitungsweise der betreffenden Tiere an und für sich vor Augen treten, ohne daß die geographische Lage besonders in Betracht käme. Der Unterschied beider Typen wird an den Beispielen selber deutlich werden. Beginnen möge die erstgenannte Gruppe.

Kosmopolitische Verbreitung. — Man kann den Tieren keine Verbreitung über die ganze Erde zusprechen, ohne diese Angabe stillschweigend auf einen der beiden ursprünglichen Lebensbezirke, Land und Wasser, einzuschränken, denn die grundsätzliche Verschiedenheit der Lebensbedingungen beider ist zu groß. Aber auch dann ist die Zahl der kosmopolitischen Arten aus den höheren Tieren beschränkt, wenn sie nicht etwa Schmarotzer oder unwillkürlich verschleppt sind. Bezeichnenderweise sind es selbst nur wenige Vögel, und zwar Raubvögel, die man bei weitherziger Auffassung des Artbegriffes als Kosmopoliten betrachten kann: Fischadler, Wanderfalk, Schleiereule. Die Lücken, welche auch ihre Verbreitung läßt, können als unbedeutend übersehen werden. Unter den Kerbtieren ist der gemeine Distelfalter (Pyrameis cardui) im Begriff, sich das ganze Festland zu erobern.

Dagegen gilt der eine oder andere Stamm des Tierreiches im allgemeinen als weltweit vorkommend, z. B. die Süßwasser-Infusorien. Unter den Fledermäusen zählt man die große Unterordnung der Vespertilionidae zu jener Gruppe; sie ist in allen ihren Angehörigen nach Verbreitungsmittel, Lebensweise und Aufenthalt an dieselben Lebensbedingungen angepaßt. Dies gilt aber nicht von den Vögeln, obwohl sie von Pol zu Pol in Wäldern und Wüsten, mitten auf dem Weltmeere und über den Schneegipfeln der Anden hausen. Vielmehr trifft erst in zweiter Linie die kosmopolitische Verbreitung für die Klasse der Vögel zu, denn ihre Unterabteilungen sind oftmals durchgängig und bis auf Einzelheiten an gewisse Landschafts- und Klimagebiete angepaßt, unterliegen somit streng gesonderten Lebensbedingungen zweiten Grades. Man vergegenwärtige sich etwa einen Pinguin und Kolibri, Strauß und Specht in ihrem Aussehen und ihren Lebensgewohnheiten, um jener Einschränkung zuzustimmen.

Zonenförmige Lage. — Es entspricht, wie wir bereits sahen, der geringeren Abhängigkeit der Landtiere vom Klima, der einzigen in regelmäßige Gürtel angeordneten Naturerscheinung, daß eine ausgesprochen in der Richtung der Parallelkreise verlaufende Verbreitung bei ihnen nicht häufig ist. Wenn sie sich auf den ganzen Umfang der Erde erstrecken soll, so gibt es in systematischem Sinne nur größere Abteilungen, kaum Arten von freilebenden Tieren, deren Vorkommen sich ungefähr mit den großen Klimazonen deckte. Dabei finden wir die nördliche gemäßigte Zone im Verhältnis zu dem größeren Reichtum der Tropen an Lebensformen entschieden besser bedacht, ein Umstand, der in der Zusammendrängung der Landmassen auf die Nordhalbkugel seine Erklärung findet, und dementsprechend sind Fälle von Beschränkung auf die südliche gemäßigte Zone selten zu finden, weil diese überhaupt an Festland nur die äußersten Spitzen der stark auseinander weichenden Südkontinente einschließt. An Beispielen für nördliche zonale Verbreitung seien die Familien der Maulwürfe (Talpidae), Biber (Castoridae), Wühlmäuse (Microtinae), Rauhfußhühner (Tetraonidae), Molche (Salamandridae) aus den Wirbeltieren und aus den Insekten die große Gattung der Laufkäfer (Carabus) genannt.

Im wesentlichen auf die Tropenzone beschränkt sind die Nageschnäbler (Trogonidae), prachtvoll metallglänzende Vögel aus dem Kuckucksgeschlecht, und die ebenfalls farbengeschmückten Bartvögel (Capitonidae). Aus den Reptilien zählen wir die Krokodile, aus den Amphibien die Blindwühlen (Apoda) hierher. Unter den Wirbellosen bieten die Gliederfüßler manche weitere Fälle, z. B. die Käfergattung Atractocerus, die Schmetterlingsfamilien der Acraeidae und Uraniidae. Ein sehr umfassendes und klares Beispiel für zonale Verbreitung wird, wie später gezeigt werden soll, durch die Süßwasserfische geboten, und in den marinen Lebensbezirken des Litorals und Pelagials begegnen wir namentlich der zirkumtropischen Verbreitung von Familien, Gattungen und selbst Arten.

Küstenlage. — Wenn Lebewesen des Kontinentals längs der Küsten verbreitet sind, so drückt sich darin ihre Abhängigkeit von dessen Lebensbedingungen neben ausgedehnter Beanspruchung des Litorals, ja selbst des Pelagials zum Nahrungserwerbe aus. So die Robben, Regenpfeifer, Strandläufer, Seeschildkröten.

Insulare Verbreitung. — In der Beschränkung einzelner Formen auf Inseln oder in der „harmonischen Verteilung" verschiedener Formen über einen Archipel kommt die Wirkung der örtlichen Sonderung am meisten zur Geltung. Diese Wirkung kann sich nach zwei entgegengesetzten Richtungen hin äußern: einmal als stärkere Entwicklung infolge von verringertem Wettbewerb zuwandernder Konkurrenten oder der Fernhaltung schädlicher Einflüsse; deshalb bilden sich Arten auf Inseln manchmal in besonderer Größe aus. Das zweite Mal kann die insulare Lage durch Beschränktheit der Lebensbedingungen zu Entartung und Verarmung an Individuen führen. Die Folge davon ist Kleinheit des Wuchses, wie z. B. bei den zwerghaften Elefanten, welche die Insel Malta gegen Ende der Tertiärzeit bewohnten. Auf Inseln können sich manche Spezies nur in so geringer Individuenzahl erhalten, daß ein neu ankommender Feind sie sehr schnell ausrottet. Dies war z. B. in jüngster Zeit der Fall mit zwei Arten von

Papageien (Nestor productus und N. norfolcensis) auf der Norfolkgruppe, dem wiedehopfähnlichen Starvogel Fregilupus varius auf Bourbon u. a. m.

Verbreitung längs der Wasserläufe. — Durch Gebiete ungünstiger Existenzbedingungen (Wüsten, Gebirge) treten vielfach Bäche und Flüsse, an deren Ufern sich ein reicheres Leben entwickeln kann. Außerdem sind sie auch für Landtiere Verkehrswege, insofern Wasserläufe meist die gangbarsten Stellen auf dem Festlande andeuten und durch ihre mechanische Arbeit immer mehr herausarbeiten. So werden Bäche, Flüsse, Ströme, Seenketten zu wichtigen Bahnen für die Ausbreitung der Lebewelt, indem sie hier die Tiere durch eine schwierige Strecke hindurchleiten, dort die Fauna des Oberlaufes ins Tiefland hinabbringen.

Zu der zweiten Art typischer Verbreitungsweisen (S. 54) gehört die Durchdringung. — Die sehr häufige Erscheinung, daß nahe verwandte Arten in ein und demselben Gebiete neben- und durcheinander hausen, ohne sich zu kreuzen, kann man Durchdringung nennen. Sie dürfte das Ergebnis der Ausbreitung und des endlichen Zusammentreffens von Formen sein, die durch bisherige Sonderung einen solchen Grad von körperlicher Verschiedenheit erlangt hatten, daß sich eine geschlechtliche Vermischung ausschließt. So dürften sich die vielen Fälle des Vorkommens von äußerst ähnlichen und gleiche Lebensweise führenden Arten auf engstem Raume erklären.

Unterbrochene Verbreitung. — Oft sind die durch die bekannten Entwicklungsanlässe aus einem Grundtypus gewordenen verschiedenen Abwandlungsstufen — in der zoologischen Systematik als Ordnungen, Familien, Gattungen, Formenringe usw. geführt — auf mehrere scharf geschiedene Gebiete verteilt, die durch große Zwischenräume getrennt sein können. Zahlreich wie die Fälle dieser geographischen Lage aus allen Klassen des Tierreichs sind, lassen sie sich auch auf verschiedene Ursachen biologischer und zoologischer Art zurückführen, auch sind bemerkenswerte Beziehungen zur Erdgeschichte da, doch liegt ein weiteres Eingehen darauf außerhalb der hier gezogenen Raumgrenze. Es lassen sich folgende Unterarten der unterbrochenen Verbreitung sondern, doch geht freilich eine oft in die andere über:

a) Die unterbrochene oder lückenhafte Lage im engeren Sinne: Zerfall eines Verbreitungsgebietes in mehrere Bestandteile von ungefähr gleicher Größe. So verhält es sich mit den Blauelstern (Cyanopolius), einer Gattung schmucker Rabenvögel mit nur zwei Arten, wovon die eine Spanien bewohnt, die andere ganz nahverwandte aber beinahe an der anderen Seite der nördlichen Halbkugel, in der Mandschurei und Japan zu Hause ist. Weitere Beispiele sind die Rüsselspitzmäuse, die mit einer Art (Myogale moschata) in Südrußland, mit einer anderen (M. pyrenaica) auf der Pyrenäenhalbinsel vorkommen, oder die Zerstreuung der altertümlichen Gliederfüßlerordnung Peripatus auf Südafrika, Australien, Neuseeland, Südamerika und Westindien, der prachtvollen Spanner Urania auf Madagaskar, Südamerika und die australischen Gebiete.

b) Die abgesonderte Lage, wobei ein kleiner Teil der Formen von der Hauptmasse getrennt ist. So läßt sich die Verteilung der Hüpfmäuse (Zapus) auf Nordamerika mit sechs und Nordchina mit einer Art, das vereinzelte Auftreten der im indischen Gebiete stark vertretenen Zwerghirsche (Tragulidae) und Glanzdrosseln (Pitta) in Westafrika und das eines Alligators in Ostasien bezeichnen.

c) Bei der zerstreuten Lage teilt sich ein Areal in mehrere kleine und kleinste, meist weit getrennte Sonderbezirke. Hierher gehört die Beschränkung von Gebirgsformen auf einzelne Erhebungen, wie es die altweltlichen Steinböcke und die Bergziegen (Hemitragus), die Lämmergeier und Alpenmauerläufer (Tichodroma) aufweisen, oder die Zersplitterung der Regenpfeifergattung Phegornis auf einige polynesische Inseln und die Kordilleren.

Beschränkte Verbreitung. — Bisweilen ist eine Gattung oder Art auf ein ganz enges Wohngebiet beschränkt. Man kennt das chinesische Zwergreh (Hydropotes inermis) nur von Korea und einigen Inseln im Unterlauf des Jangtsekiang. Unter den Vögeln ist auffälligerweise diese Erscheinung nicht selten, sogar besonders bei den fast gedankenschnell fliegenden Kolibris, denn manche Arten finden sich nur auf bestimmten Vulkankegeln der Anden; eine der prachtvollsten und begehrtesten Arten (Loddigesia mirabilis) kommt sogar nicht außerhalb des Tals von Chachapoyas in Peru vor. Aus den Weichtieren sei eine Gattung der Schließmundschnecken oder Klausilien (Laminifera) erwähnt, die heutzutage allein auf dem Berggipfel „La Rhune“ in den Westpyrenäen lebt, während sie in der Tertiärzeit ganz Mitteleuropa bewohnte. Unter den Insekten, namentlich den höhlenbewohnenden, ist die engbeschränkte Verbreitung häufig.

Dritter Abschnitt.

Besondere Tiergeographie.

12. Kapitel. Geschichtlicher Überblick.

Die ältesten Versuche einer Einteilung der Erde in Tiergebiete oder geographische Regionen (A. Wagner, L. Agassiz), stützten sich auf die Klimazonen der Erde und sonderten innerhalb dieser eine Anzahl von Tierprovinzen, die sich an die natürliche Begrenzung der Kontinente in rein äußerlicher Weise anschlossen. Dies Verfahren mußte wegen der schon mehrfach berührten Unabhängigkeit vieler Tiere vom Klima und von topographischen Schranken ein Fehlgriff sein.

Weiterhin suchte Schmarda (1853) tiergeographische Reiche aufzustellen, und zwar 21 festländische und 10 ozeanische, indem er sie nach gewissen Typen von Tieren kennzeichnete. So war Mittelamerika das „Reich der Landkrabben", der tropische Stille Ozean das „Reich der Korallen und Holothurien" usw. Abgesehen von der unklaren Begrenzung der einzelnen Reiche ruht aber deren Berechtigung auf keinen natürlichen Tatsachen, sondern auf der Willkür des Verfassers, denn den Besonderheiten einzelner Züge, ebenjener Charakterformen, stehen zahlreiche verbindende Eigenschaften gegenüber; außerdem nimmt die Einteilung auf die geologische Geschichte der Tiere, die ihre gegenwärtige Verbreitung großenteils bestimmt, keinerlei Rücksicht, da sie für alle dem betreffenden Lebensbezirke angehörenden Tierklassen gleiche Gültigkeit haben soll. Die Fehler der von Schmarda befolgten Methode sind auch von späteren Tiergeographen nicht immer vermieden worden.

Allmählich, und zwar unter dem Einflusse der englischen Zoologen Sclater und Wallace, begann man auf mehr erfahrungsmäßige und zugleich wissenschaftliche Art nach einer tiergeographischen Einteilung der Erde zu suchen. Indem man solche dem Geschmacke des einzelnen unterworfene Auswahl von Charakterformen unterließ, wollte man die Gebiete auf die ihnen eigentümlichen Gattungen und Arten begründen, wobei die Unterscheidung oft in deren Verhältniszahlen gelegt wurde.

A. R. Wallace zeigte den Weg, um von einer bloßen Zusammenstellung der jetzigen Vorkommnisse der Landtiere zu einer auf ihren Werdegang fußenden Erk ärung zu gelangen, indem er namentlich die Bedeutung der geologischen

Geschichte der Erdoberfläche hervorhob und das Zustandekommen vieler auffälliger Verbreitungsfälle durch die verschiedenen Verbreitungsmittel und -hemmnisse zu erklären suchte. Durch die gründliche und vielseitige Behandlung des Stoffes und durch fesselnde Darstellung hat Wallace die Teilnahme für tiergeographische Studien sehr geweckt und ihre Behandlung vertieft. Allerdings sind infolge des Ansehens, das er als Meister in seiner Wissenschaft fast bis heute genoß, verschiedene grundsätzliche Fehler seines Verfahrens lange beibehalten worden. Einmal suchte er stets eine Einteilung zu schaffen, die für alle Landtiere gelten sollte, obwohl sie nur von den Säugetieren abgeleitet wurde, sodann befolgte er noch das alte Verfahren, die einzelnen Abteilungen nach dem bloßen Zahlenverhältnisse von Ähnlichkeiten oder Unähnlichkeiten ihrer Faunen zu bestimmen, ohne auf die Unterschiede in Alter und Herkunft der Faunenbestandteile Rücksicht zu nehmen.

In neuerer Zeit hat sich unter den Zoologen, welche tiergeographische Ziele verfolgen, die Einsicht Bahn gebrochen, daß die Verbreitungsverhältnisse jeder Tierklasse für sich, und zwar nach den hauptsächlichsten Lebensbezirken gesondert zu bearbeiten sind, daß dabei stets die Verbreitung in der geologischen Vergangenheit zu berücksichtigen ist, und daß wegen des sehr verschiedenen geologischen Alters der Tierstämme die an jedem gewonnenen Ergebnisse sich nicht zu einem einzigen Gesamtbilde vereinigen lassen (v. Ihering, Pfeffer, Kobelt, Ortmann u. a.).

Diese kurze Übersicht der Wandlungen in den Anschauungen über zoogeographisches Arbeiten wird uns vorbereiten, die wichtigsten Grundsätze für die Aufstellung von Tiergebieten darzulegen, und zwar soll mit den für die Landtiere geltenden begonnen werden.

13. Kapitel. **Grundsätze für die Aufstellung von Tiergebieten des Festlandes.**

Die Tierwelt irgendeines Landes, sagen wir Mitteleuropas, ist dem Alter nach sehr ungleichmäßig zusammengesetzt. Während die heutige Säuger- und Vogelfauna in den Grundzügen dieselbe ist, welche in der letztvergangenen Erdepoche, dem Tertiär, sich herausbildete, waren die Kriechtiere teilweise schon in der Kreidezeit zu ihren Ordnungen entwickelt. Die Weichtiere, deren Versteinerungskunde eine so vertrauenswerte Überlieferung gibt, reichen teilweise bis in die Juraformation hinein, und von den Insekten läßt sich sogar der Ursprung bis in die Steinkohlenzeit zurück verfolgen. Wir wissen ferner, daß die physikalische Geographie und das Klima des Festlandes in früheren Perioden von den heutigen Verhältnissen abwichen, daß vielfach an der Stelle von Kontinentalteilen Meeresbecken sich ausdehnten und umgekehrt, daß dort subtropisches Klima und dementsprechender Pflanzenwuchs herrschte, wo jetzt das Polareis und ausgedehnte Gletscher weite Flächen bedecken.

Aus beiden Feststellungen entnehmen wir, daß die Tierklassen von verschiedenem geologischen Alter sich vielfach nach anderen Lebensbedingungen, anderen Umrissen der Festländer und Ozeane zu richten hatten, daß also auch gegen heute abweichende Verbreitungsmöglichkeiten und Verbreitungshindernisse für sie vorhanden waren. Das Bild, das etwa die geographische Verbreitung der Eidechsen bietet, ist demnach unter ganz anderen Zügen des Erdbildes zustande gekommen als das in der Verteilung der Säugetiere verkörperte; wir dürfen uns deshalb nicht wundern, wenn beide in sehr wesentlichen Zügen voneinander abweichen.

Somit ist es nicht angängig, Tierklassen, die verschiedenen Alters und wesentlich verschiedenen Daseinsbedingungen unterworfen sind, nach gleichen zoogeographischen Gesichtspunkten miteinander zu vergleichen. Es muß vielmehr die Verbreitung jeder Tierklasse für sich untersucht und aus den gefundenen Tatsachen ein nur für sie gültiger Entwurf ihrer Zoogeographie abgeleitet werden.

Ferner ist zu bedenken, daß das heutige Vorkommen der Tiere das Ergebnis einer lange bestehenden Entwicklung darstellt, einer Entwicklung, die von den Lebenseigentümlichkeiten der Tiere selbst, von den zeitlich wechselnden physikalischen Bedingungen und namentlich von den langsam, aber in weitem Umfange vor sich gehenden Änderungen des Oberflächenbildes der Erde sehr stark beeinflußt und abgeändert worden ist. In vergangenen Zeitabschnitten sind nachweislich Ausprägungen unserer jetzigen tierischen Typen vorhanden gewesen, die wir jetzt vergebens suchen, oder es gab Vertreter der letzteren an Stellen, wo sie nachträglich vollständig ausgestorben sind und wo die gegenwärtigen Verhältnisse auch ohne weiteres keinerlei Rückschluß auf jener früheres Vorhandensein zulassen. Andererseits kann aus der früheren Verteilung von Land und Wasser, Höhen und Tiefen, Pflanzenwuchs und unfruchtbarem Boden die Möglichkeit erschlossen werden, wie so viele uns auffallende Züge in der jetzigen Verteilung des tierischen Lebens durch mehr oder weniger ausgedehnte Wanderung von Gruppen und Arten zustande kamen.

Neben der Betrachtung der heutigen geographischen Verbreitung ist deshalb eine möglichst ausgedehnte Berücksichtigung der Verhältnisse in der Vergangenheit nötig. Durch schrittweises Verfolgen der Veränderungen, welche die Ausbreitung einer natürlichen Abteilung im Laufe der Zeiten erfahren hat, kann einmal die Erklärung der heutigen Verhältnisse erreicht werden, und das andere Mal der Werdegang in der Erfüllung des Lebensraumes oder in der Zurückziehung auf ein engeres Wohngebiet aufgeklärt werden.

Deshalb hat die zweite Forderung für ein zielbewußtes Arbeiten in der Tiergeographie dahin zu gehen, daß die Darstellung der Verbreitung einer Tiergruppe sowohl die heutigen wie die vergangenen Erscheinungen berücksichtigen und zu einem erklärenden Gesamtbilde auf entwicklungsgeschichtlicher Grundlage verwerten soll.

Endlich hat die Einteilung der Erde in Tiergebiete, die von Gleichheit der Formen innerhalb der einen Grenze und Verschiedenheit dieser Formen von den außerhalb der Grenzen wohnenden ausgeht, die natürliche Verwandtschaft der Tiere aufs genaueste zu berücksichtigen, weil ja das Zustandekommen artlicher Unterschiede mit der Entwicklung in getrennten Gebieten verknüpft ist. Die Hilfe der wissenschaftlichen Systematik soll daher für die Aufstellung der Regionen stets in Anspruch genommen werden.

14. Kapitel. **Gültigkeit von Tiergebieten.**

Man pflegt tiergeographische Abteilungen der Erde gern durch natürliche Umrisse zu begrenzen, die bei größerem Umfange ganze Erdteile umfassen, bei geringerem in Meeresarme, Ströme, Gebirgsketten, Wüstenzonen u. a. gelegt werden. Dies Verfahren entspricht in der Tat den Ursachen, welche die Tierverbreitung selber regeln, denn jene Grenzen stellen Gebiete abweichender Lebensbedingungen dar, die einer Fauna das Überschreiten nicht ermöglichen oder doch erheblich erschweren. Es ist aber eine Erfahrung, daß das Erdbild sich mit der Zeit ändert, im kleinen bisweilen schnell, auf weitere Ausdehnung hin im Verlaufe langer Zeiträume. Die mit diesen Änderungen einhergehende Verschiebung der Lebensbedingungen muß aber stets auch die von ihnen abhängige Tierwelt in Bewegung setzen und die Weise ihrer Verteilung modeln, weshalb eine Darstellung der letzteren durch Aufsuchen zoogeographischer Regionen nur der Ausdruck des gegenwärtigen Zustandes sein kann, dem Zustande in der geologischen Vergangenheit aber gewöhnlich keinen Ausdruck verleiht. Insbesondere ist diese beschränkte Fähigkeit der Tatsachenwiedergabe bei der Beurteilung des Wertes tiergeographischer Karten zu beachten, da Karten noch weniger als sprachliche Darstellung die Wandelbarkeit der vorgeführten Bilder ausdrücken können.

Weiterhin muß auf die Dehnbarkeit der Grenzen hingewiesen werden, die man für die einzelnen Gebiete ausfindig macht. Sie sind nur selten solche scharf ausgeprägte Scheiden, wie sie als Linien auf den Karten erscheinen, die von den Angehörigen der anstoßenden Bezirke nicht überschritten würden, kommen als solche vielmehr nur da vor, wo sie mit besonders scharfen Zügen der Bodengestaltung zusammenfallen, z. B. als Meeresarme oder Gebirgsketten, die, von den Regenwinden im rechten Winkel getroffen, eine sehr ungleiche Verteilung der Feuchtigkeit und damit des Pflanzenwuchses herbeiführen. Die Landgrenze zwischen zwei Regionen wird daher meist keine Linie, sondern ein Grenzsaum, ein Übergangsstreifen von verschiedener Breite sein, auf dem die Faunen beider Seiten sich mischen, und dies eingeschaltete Mischgebiet selbst wird sich unmerklich in beide Regionen hinein erstrecken.

Auch die Gültigkeit jeder Gebietseinteilung für die ihr unterlegten Fälle ist keine unbeschränkte. Es gibt immer eine Anzahl von chorologischen Tatsachen, die nicht in das Schema hineinpassen und der natürlichen Begrenzung des betreffenden Gebietes zu widersprechen scheinen. Es wäre jedoch ein Fehler, solche auch noch so vereinzelten Ausnahmen zu vernachlässigen; gerade sie fordern vielmehr eine genaue Untersuchung heraus, denn es ergibt sich alsdann von vielen Fällen solcher abweichenden Verbreitung, daß sie auf Zustände der geologischen Vergangenheit zurückweisen und es ermöglichen, auf frühere Verteilung von Land und Wasser, von abweichenden klimatischen und anderen Verhältnissen Rückschlüsse zu ziehen, auf die man bei einseitiger Betrachtung der normalen, das will heißen, der gegenwärtigen Zustände nicht kommen würde.

Aus diesen Einschränkungen erhellt, daß die Aufstellung von Tiergebieten größeren und geringeren Umfanges ebenso wie die Festlegung ihrer Grenzen nicht der Endzweck, sondern nur ein Ausdrucksmittel zoogeographischer Forschung sein darf. Ihre Wichtigkeit liegt in der Leistung, die Einzelfälle übersichtlich zu gruppieren und die jeweilige Verbreitung jeder Tierart durch ein Schlagwort in faßlicher und leicht im Gedächtnisse haftender Weise zu kennzeichnen. Die Darstellbarkeit im Kartenbilde macht sie besonders für museologische Zwecke geeignet. Ferner fallen infolge der schematischen Abgrenzung die sich dieser nicht fügenden, abnormen Verbreitungsfälle leicht in die Augen. Immer muß jedoch beachtet werden, daß jede tiergeographische Einteilung nur die Verbreitung solcher Tiere wiedergeben kann, die unter gleichen Lebensbedingungen stehen oder von gleichem geologischen Alter sind.

15. Kapitel. **Die Einteilung von Sclater und Wallace.**

Im Jahre 1858 fand der englische Ornithologe Ph. L. Sclater auf Grund genauer Untersuchungen über die Verbreitung der Singvögel eine Einteilung der Festländer in Tiergebiete heraus, die eine große Bedeutung erlangt hat. Seine „Regionen" waren die folgenden:

1. Paläarktische Region: Europa, das gemäßigte Asien und Nordafrika bis zum Atlas.

2. Äthiopische Region: Afrika südlich vom Atlas, Madagaskar und die Maskarenen mit Südarabien.

3. Indische Region: Indien südlich vom Himalaja bis Südchina und den großen Sundainseln.

4. Australische Region: Celebes, Lombok und die östliche Inselwelt, Australien und die Inseln der Südsee.

5. Nearktische Region: Grönland und Nordamerika bis Nordmexiko.

6. Neotropische Region: Südmexiko, die Antillen und Südamerika.

Diese Einteilung hat A. R. Wallace 1876 aufgenommen und mit einigen geringen Abänderungen auf die Säugetiere angewendet, außerdem zerlegte er jede der sechs Sclaterschen Regionen in vier Unterabteilungen oder Subregionen. Wallace suchte nachzuweisen, daß nicht nur Säugetiere und Vögel wegen ihrer Abhängigkeit von gleichen Verbreitungshemmnissen jener Einteilung entsprächen, sondern auch die übrigen Tierklassen — eine Annahme, für deren Irrtümlichkeit unsere früheren Betrachtungen die Bedingungen enthalten. Begründete Vorschläge zur Verbesserung der regionalen Gliederung von Sclater und Wallace sind von Huxley, Heilprin, Möbius, Matschie und anderen ausgegangen und haben mehrfach Geltung erlangt.

Im folgenden Kapitel sollen die Tiergebiete der Erde in der Abgrenzung vorgeführt werden, welche die Verbreitung der beiden obersten Tierklassen nach dem heutigen Stande der Kenntnisse ergibt; diese Abteilungen werden in übertragenem Sinne vielfach auch für die Chorologie der übrigen Tierwelt gebraucht und erleichtern in der Tat wegen ihrer Kürze und allgemeinen Anwendung das Verständnis um so mehr, als für andere Tierstämme solche mit den großen Zügen des gegenwärtigen Erdbildes sich meistens deckende Einteilungen aus Gründen der Entwicklungslehre, wie wir sahen, nicht möglich sind.

16. Kapitel. **Die Tiergebiete für Säugetiere und Vögel.**

Wenn die Tierformen, welche für Sclaters oben aufgeführte Regionen bezeichnend sind, einer vergleichend-zoologischen Betrachtung unterzogen werden, so ergibt sich, daß diese Regionen untereinander nicht gleichwertig sind. Die Säugetiere der paläarktischen Region sind z. B. von denen der neotropischen weit mehr verschieden als von denen der äthiopischen, während die australische ganz andere Züge aufweist als alle anderen, selbst als die ihr benachbarte indische. Man hat es deshalb für praktisch befunden, mehrere unter diesen Gebieten auf Grund der größeren Ähnlichkeit ihrer Bevölkerungen zusammenzufassen und als ein größeres „Reich" den übrigen ebenfalls zu diesem Range erhobenen gegenüberzustellen. Und dieses Vorgehen hat tatsächlich seine natürliche Begründung, weil die damit geschaffenen Reiche den großen Ausstrahlungsfeldern entsprechen, die der Stamm der Säugetiere — und wohl auch der Vögel — seit dem Beginne der Tertiärzeit genommen hat.

Demnach können wir folgende Reiche und Gebiete feststellen, deren Grenzen ohne weiteres aus Karte 2 ersichtlich sind.

I. Arktogäa:

1. Holarktisches Gebiet.
2. Äthiopisches Gebiet.
3. Madagassisches Gebiet.
4. Indisches Gebiet.

II. Notogäa:

5. Papuanisches Gebiet.
6. Australisches Gebiet.
7. Neuseeländisches Gebiet.
8. Polynesisches Gebiet.
9. Hawaisches Gebiet.

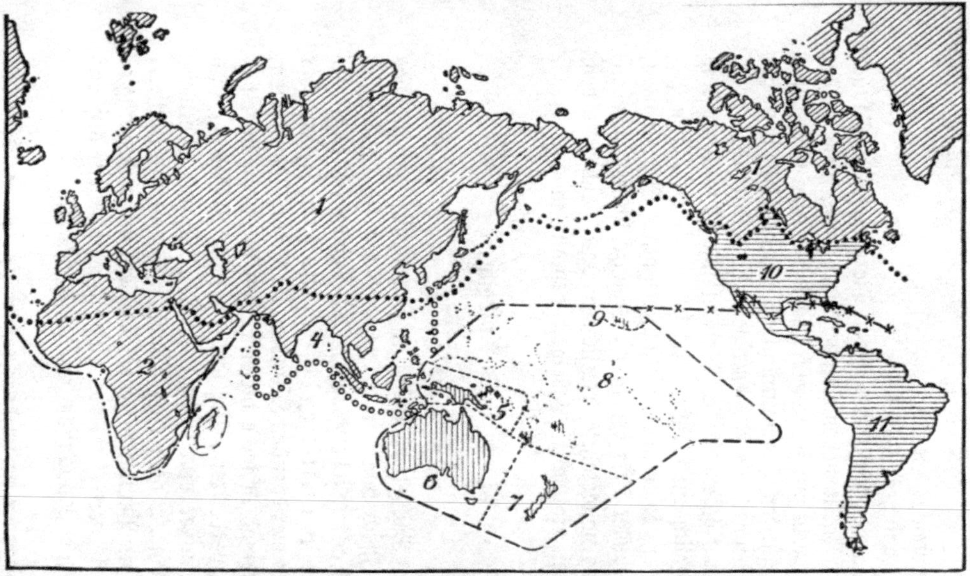

Karte 2. Die Tiergebiete der Erde für Säugetiere und Vögel.

////// Arktogäa. |||||| Notogäa. ☰ Neogäa.

1. Holarktisches Gebiet. 2. Äthiopisches Gebiet. 3. Madagassisches Gebiet. 4. Indisches Gebiet. 5. Papuanisches Gebiet. 6. Australisches Gebiet. 7. Neuseeländisches Gebiet. 8. Polynesisches Gebiet. 9. Hawaisches Gebiet. 10. Neoboreales Gebiet. 11. Neotropisches Gebiet.

....	Grenze des holarktischen Gebietes.	o o o o o o	Grenze des indischen Gebietes.
—·—·—·	Grenze des äthiopischen Gebietes.	× — × — ×	Grenze des neotropischen Gebietes.
———·——	Grenze des madagassischen Gebietes.	— — — — —	Grenze von Notogäa.

III. Neogäa:

10. Neoboreales Gebiet.

11. Neotropisches Gebiet.

Man kann den Bestand unserer Tiergebiete an Säugetieren und Vögeln nebeneinander vorführen, weil beider Verbreitung nicht nur in großen Zügen, sondern nicht selten bis auf Einzelheiten übereinstimmt. Wenn dabei die in obiger Aufzählung beobachtete Reihenfolge nicht innegehalten wird, so hat dies praktische Gründe. Wollten wir nämlich mit dem uns geographisch am nächsten angehenden holarktischen Gebiete beginnen, so müßten vielfach negative Eigenschaften, das Fehlen vieler Tierformen die Kennzeichnung abgeben, während das umgekehrte Verfahren uns gleich mit dem Reichtum der tropischen Lebewelt bekannt macht.

17. Kapitel. **Notogäa.**

A. Säugetiere.

Was die Säugetiere anlangt, so unterscheidet sich das notogäische Reich von den beiden anderen sehr wesentlich dadurch, daß es von jeher die Heimat der einen großen Unterordnung der Beuteltiere, der Diprotodonten[1]), und der wunderbaren eierlegenden Kloakentiere, der Monotremen, war. Allerdings ist keine dieser beiden Gruppen über das ganze Reich verbreitet. Vor allem besitzen Polynesien und Neuseeland außer einigen Rattenarten, die möglicherweise spät eingewandert oder eingeschleppt sind, nur Flattertiere. Sonst sind die Beutler in jedem Gebiete mit ausgeprägter Säugetierwelt vertreten, die Monotremen jedoch auf das australische und papuanische Gebiet beschränkt.

---

[1]) Das Vorkommen einiger Arten auf den zum indischen Gebiete gehörigen kleinen Sundainseln bedeutet keine grundsätzliche Ausnahme. Auch in Neogäa finden sich einige, aber sehr vom Typus abweichende Vertreter.

Australisches Gebiet. — Hier allein findet sich das eine besondere Familie der Kloakentiere bildende Schnabeltier (Ornithorhynchus anatinus) und aus der anderen Familie der Ameisenigel, der gemeine fünfzehige Ameisenigel (Echidna aculeata).

Die Beuteltiere (Marsupialia) zerfallen nach wichtigen Eigentümlichkeiten des Gebisses in die zwei Unterordnungen der Diprotodonten (fast ausschließlich notogäisch) und der Polyprotodonten (auch in Neogäa).

Von Diprotodonten sind die Känguruhs (Macropodidae) echte Charaktertiere Australiens, auch die meisten Arten der typischen Gattung Macropus sind ebenso auf den Kontinent beschränkt wie die Bergkänguruhs (Petrogale), nagelschwänzigen Wallabys (Onychogale), Hasenspringer (Lagorchestes) und die Känguruhratten mit mehreren Gattungen.

Aus der nächsten Familie der Kletterbeutler (Phalangeridae) hat das australische Gebiet eine Anzahl Vertreter von sehr verschiedenem Aussehen und Lebensweise, die oftmals ganz täuschend gewissen Nagetieren unter den höheren Säugetieren, den Placentaliern, ähneln. So gibt es ein Beuteleichhorn (Petauroides), einen Flatterbeutler (Petaurus) und fliegende Beutelmäuse (Acrobates); durch zwerghafte Kleinheit erinnern die Beutelbilche (Dromicia) an unsere Haselmäuse. Mehr den Halbaffen ähneln die Kusus (Phalanger), die als Baumtiere in der Gattung Pseudochirus sogar einen Wickelschwanz besitzen. Dagegen ist der bärenartig plumpe, aber kleine Koala (Phascolarctos) ungeschwänzt.

An letzter Stelle unter den Diprotodonten wäre die Familie der Wombats (Phascolomys) zu nennen, die im Gebiß den Nagern sehr ähnlich, sich nach Figur und Lebensweise wohl mit unserem Dachse vergleichen lassen.

Während wir Angehörigen der Diprotodonten außerhalb Notogäas nicht begegnen, sind die polyprotodonten

Beuteltiere weit abseits vom australischen Gebiete ebenfalls vorhanden: die Familie der Beutelratten (Didelphyidae) ist es, die als Opossums oder Äneasratten auch in der Neuen Welt gefunden werden. Sonst aber ist diese Unterordnung zu eigentlichem Formenreichtum nur in Australien entwickelt. Wir haben da z. B. die Beutelmarder (Dasyuridae) von echtem Raubtierhabitus, und zwar auf dem Kontinente die kleineren Beutelmarder selbst, während der den Schafherden gefährliche Beutelwolf (Thylacinus) in der Gegenwart auf Tasmanien beschränkt ist. Den holarktischen Springmäusen ähneln die Beutelspringmäuse (Antechinomys), und an die südamerikanischen Ameisenbären gemahnt durch seine buntgestreifte Färbung und die Ernährung der Ameisenbeutler (Myrmecobius). Das merkwürdigste hierher gehörende Tier aber ist der Beutelmaulwurf (Notoryctes typhlops), den man vor nicht langer Zeit in den Sandwüsten Südaustraliens entdeckte, an Körperform, Größe, Färbung und Gewohnheiten ein Seitenstück unseres Maulwurfs.

Außer den Marsupialien kommen in Australien nur spärliche Vertreter zweier nicht flugfähiger Familien der plazentalen Säugetiere vor, und von allen ist es wahrscheinlich, daß sie erst sehr spät — am Ende der Tertiärzeit — dort eingewandert sind, als der Typus der Beuteltiere schon eine reiche Formenentfaltung gewonnen hatte. Die vorhandenen Nagetiere sind an Artenzahl gering und gehören sämtlich zu den echten Mäusen (Muridae). Die Schwimmratte (Hydromys chrysogaster) ist ein echtes Wassertier mit Schwimmhäuten an den Füßen und hat Verwandte auf der Philippineninsel Luzon. Den australischen Wildhund oder Dingo (Canis dingo) hielt man früher für einen verwilderten Haushund, doch beweist das Vorkommen seiner fossilen Reste zusammen mit denen ausgestorbener Beuteltiere, daß er schon in der Vorwelt auf australischem Boden einheimisch gewesen ist.

Die Flattertiere (Chiroptera) Australiens sind mit den asiatischen Gattungen verwandt.

Papuanisches Gebiet. — Auf Neu-Guinea und den benachbarten Inselgruppen wiederholen sich manche australische Gattungen von Beutlern wie Känguruhs, Baumkänguruhs, Flatterbeutler und Kusus, und die Gattung Dorcopsis unter den erstgenannten ist sogar eigentümlich. Außerdem besitzt das Gebiet einen abweichenden Ameisenigel (Proechidna) für sich.

Das polynesische, hawaische und neuseeländische Gebiet sind alle durch das Fehlen aller Säugetiere, die ursprünglich einheimisch sein könnten, mit Ausnahme einiger Fledermäuse gekennzeichnet.

B. Vögel.

Die Vogelwelt ist in Notogäa besonders reich und formschön entwickelt — so reich, daß man das ganze Gebiet schon als Ornithogäa („Land der Vögel") bezeichnet hat. Es sind besonders die straußartigen Vögel, die Raben, Papageien und Tauben, die hier in eigenartiger und im Gefieder vielfach sehr prächtiger Erscheinung auftreten und durch ihre Zahl sogar das landschaftliche Bild beeinflussen. Wenn auch nicht so stark wie bei den Säugetieren ausgesprochen, ist doch das Fehlen mancher sonst so weit verbreiteter Familien sehr bemerkenswert, so der echten Finken, Spechte, Geier und Fasanen.

Elf Familien sind für das notogäische Reich eigentümlich oder überschreiten nur gerade seine Grenzen in einigen Arten, darunter die Paradiesvögel (Paradiseidae), Honigsauger (Meliphagidae), Leierschwänze (Menuridae), Strauchvögel (Atrichiidae), Kakadus (Cacatuidae), Plattschweifsittiche (Platycercidae), pinselzüngigen Papageien (Trichoglossidae),

Zahntauben (Didunculidae), Kronentauben (Gouridae), Großfußhühner (Megapodiidae) und Kasuare (Casuaridae).

1. Papuanisches Gebiet. — Einen der auffallendsten Züge der papuanischen Vogelwelt bildet die Menge der schön und prächtig gefärbten Arten im Verhältnis zu den unscheinbaren. Dies ist teilweise der großen Zahl von Loris zuzuschreiben, Papageien, die mit grünen, roten, blauen und gelben Tönen geziert sind, teils den zahlreich vorhandenen metallglänzenden Eisvögeln (Halcyon) und den zu den Raben gehörenden Paradiesvögeln, deren Gefiederpracht und Auszeichnung mit eleganten Schmuckfedern alles hinter sich läßt, was eine schönheitsbedürftige Phantasie nur aussinnen könnte.

Aus den vielen für dieses Gebiet bezeichnenden Gattungen seien nur genannt die buntschillernden Fliegenfänger Todopsis, langschwänzigen Eisvögel (Tanysiptera), noch ein sonderbarer großer Eisvogel mit beinahe froschähnlichem Kopfe (Clytoceyx rex), der schwarze Kakadu (Solenoglossus), winzig kleine Spechtpapageien (Nasiterna) und die größten aller Taubenarten, die schönen Krontauben (Goura).

2. Polynesisches Gebiet. — Die Vogelwelt, die ja diesem Sondergebiete ganz allein sein greifbares zoogeographisches Gepräge gibt, weist neben australischen und arktogäischen auch eine Reihe eigentümlicher Formen auf. Darunter sind besonders Plattschweifsittiche (Pyrrhulopsis, Cyanorhamphus), zierliche pinselzüngige Papageien (Coriphilus) und die merkwürdige, auf Samoa Manu-mea genannte Zahntaube (Didunculus strigirostris) hervorzuheben.

3. Hawaisches Gebiet. — Außer mehreren besonderen Gattungen der Fliegenschnäpper (Chasiempis) und Honigsauger (Moho, Chaetoptila) gibt es hier eine nirgend anders vorkommende Familie von Sperlingsvögeln, die Drepanididae, die sich durch starke Verschiedenheit der Schnabelformen bei den einzelnen Angehörigen auszeichnet. Bei

den einen ist der Schnabel lang und sichelförmig und dazu der Unterschnabel nur halb so lang wie der obere, bei den anderen kurz und kräftig wie bei unserem Dompfaffen.

4. Australisches Gebiet. — Auch dieser Teil Notogäas verfügt über eine sehr eigenartige Vogelfauna, was sich allerdings mehr auf die Zahl der besonderen Arten (etwa neunzehn Zwanzigstel der Gesamtzahl), als auf die der Gattungen gründet. Es besitzt als auffälligste Formen die metallschwarzen Paradiesvögel (Ptilorhis) und die verwandten Laubenvögel (Ptilonorhynchus), die auf der Erde zu ihrer Belustigung künstliche Laubengänge bauen, ohne etwa darin zu brüten. Ferner der in Höhlen wohnende Erdpapagei (Geopsittacus) und der wundervolle Leiervogel (Menura superba), welcher der größte Singvogel ist und mit der eleganten Lyraform seines Schweifes ganz einzig dasteht. Das Vorhandensein einer Trappe (Eupodotis) ist bemerkenswert, da ihre Verwandten Indien und Afrika bewohnen. Die Strauße sind durch den Emu (Dromaeus Novae Hollandiae) vertreten, der zwar mit den Kasuaren des papuanischen Gebietes verwandt ist, aber manche Eigenheiten hat.

5. Neuseeländisches Gebiet. — In der Ornis von Neuseeland haben wir ein schönes Beispiel der Wirkung, welche die Absonderung des Lebens auf einer entlegenen Gruppe großer Inseln hervorzubringen vermag, denn bei unverkennbaren Beziehungen zur australischen und polynesischen Fauna haben doch die dortigen Vögel eine ganze Reihe eigener und nach besonderen Richtungen hin entwickelter Formen aufzuweisen. Unter den 21 eingeborenen oder „endemischen" Gattungen sind folgende besonders erwähnenswert: Prosthemadera, der Predigervogel, den man wegen seines Federschmuckes und der volltönenden Stimme gern im Käfig hält. Zu den Staren gehört der Lappenvogel (Heter-

alocha) mit dem ganz einzig dastehenden Merkmal, daß das Männchen einen spitzen und geraden, das Weibchen aber einen sichelartig gebogenen Schnabel hat. Die Nestorpapageien (Nestor) dürften den Grundtypus der Kakadus darstellen; noch merkwürdiger ist der Eulenpapagei (Stringops habroptilus), der bei nächtlicher Lebensweise das weiche Gefieder und den Gesichtsschleier der Eulen besitzt. Die Wasserralle (Notornis) hat nur noch zum Fliegen untaugliche Flügel. Wohl am merkwürdigsten aber sind die Schnepfenstrauße oder Kiwis (Apteryx), während die riesigen Moastrauße (Dinornis) in geologisch jüngster Zeit ausgestorben sind.

18. Kapitel. **Neogäa.**

Es würde auf den ersten Blick hin natürlicher erscheinen, die Grenze zwischen dem arktogäischen und neogäischen Reiche in anderer Weise zu ziehen, als es in der früher gegebenen Übersicht und auf Karte 2 geschehen ist; in der Tat haben viele Tiergeographen nach Wallaces Vorgang nur Süd- und Mittelamerika in Neogäa einbezogen.

Man kann jedoch feststellen, daß ungefähr nördlich des 45.° n. Br. die Mehrzahl der nordamerikanischen Säugetiere und Vögel zu Gattungen gehört, die auch in der alten Welt einheimisch sind; wir nennen sie als solche „holarktische" Typen. Südlich jener Linie hausen größtenteils Formen, deren Ursprung entweder nachweislich in Südamerika ruht oder die sich wahrscheinlich in jenem Teile Nordamerikas selber entwickelt haben. Der Zusammenhang der letzteren Fauna mit der neotropischen, der ersteren mit der europäisch-asiatischen ist daher unverkennbar, und die tiergeographische Einbeziehung der beiden so entstehenden Hälften Nordamerikas einerseits in das holarktische Gebiet Arktogäas, andererseits in die Neogäa ganz am Platze.

Auch die Grenze zwischen beiden ist keine so regellose, wie sie auf unserem Kartenbilde erscheint, denn sie ist durch die geologische Beschaffenheit der Erdrinde daselbst festgelegt. Auf jenem Saume nämlich, wo die holarktische und die neoboreale Fauna sich berühren und gelegentlich mischen, verläuft die Südgrenze der einstigen diluvialen Vereisung, die in der Eiszeit das nördliche Nordamerika bedeckte. Diese Eisbedeckung war es, die dereinst die empfindlicheren, aus dem Süden herstammenden Formen wieder dorthin zurückdrängte, so daß auch jetzt der ehemalige Eisboden von jenen gemieden wird, während die aus dem nördlichen Asien einwandernden „holarktischen" Tiere ihnen zusagende Lebensbedingungen fanden und sich nach Süden bis an eben dieselbe Grenze ausbreiteten, wo sie mit den eingeborenen amerikanischen, d. h. neogäischen Formen zusammentrafen.

Dieses Beispiel gibt wieder einen guten Begriff von den engen Beziehungen, die zwischen Zoogeographie und Geologie obwalten.

A. Säugetiere.

Nach seinem Besitz an eigentümlichen Säugetierformen ist das neogäische Reich von einer hervorragenden Selbständigkeit, denn es beherbergt eine so lange Reihe von eigentümlichen Typen, wie sie kein anderer Erdteil aufzuweisen hat, nicht einmal das an merkwürdigen Geschöpfen so reiche Australien. Denn dessen einheimische Säugerfauna setzt sich ganz überwiegend aus Angehörigen der einzigen Ordnung der Beuteltiere zusammen, während der Neogäa viele Familien aus verschiedenen Ordnungen eigentümlich sind. Als solche seien genannt: die Greifschwanzaffen (Cebidae) und die Krallenaffen (Hapalidae), die blutsaugenden Fledermäuse oder Blattnasen (Phyllostomatidae), die Nasenbären und Waschbären (Procyonidae), die Pekaris unter den

Schweinen, die Taschenratten (Geomyidae), die Lamas, Faultiere, Gürteltiere und Ameisenfresser.

Andererseits fehlen hier weit verbreitete arktogäische Typen, die bis hart an die Grenze heranreichen, z. B. die Murmeltiere, Lemminge, Springmäuse und Pfeifhasen, während die Insektenfresser, Eichhörnchen, Hasen und Rinder das Reich nur eben betreten oder aber sehr schwach vertreten sind.

Neotropisches Gebiet. — Die Affen der Neuen Welt, die auf ihre tropischen Wälder beschränkt sind, unterscheiden sich bei aller äußeren Ähnlichkeit mit ihren altweltlichen Brüdern doch sehr durch die breite Nasenscheidewand und den Mangel von Backentaschen und Gesäßschwielen. Für die eine der beiden Familien, in die sie zerfallen, die Klammeraffen (Cebidae), kommt noch der Greifschwanz als Unterscheidungsmerkmal dazu, während die andere Familie, die kleinen Krallenaffen (Hapalidae), an den Fingern — mit Ausnahme des hinteren Daumens — Krallen statt der Nägel tragen.

Aus den Handflüglern wurden bereits die blutsaugenden Blattnasen oder Vampire (Phyllostomatidae) erwähnt.

Die Insektenfresser sind im festländischen Teile des Gebietes fast gar nicht vorhanden, nur zwei Arten Spitzmäuse haben von Norden her Mittelamerika erreicht. Merkwürdig ist dagegen das Vorkommen einer besonderen Familie Solenodontidae auf den Antillen, weil diese ihre nächsten Verwandten in den Borstenigeln oder Tanreks (Centetes) Madagaskars haben.

Auch die Raubtiere sind zwar in zahlreichen Arten, aber nur in wenigen durchaus bezeichnenden Gestalten vorhanden. Gänzlich fehlen die Zibetkatzen (Viverridae) und Hyänen (Hyaenidae); allerdings erstreckt sich dieser Mangel auf die Neue Welt überhaupt. Während die Marder geringe Artenzahl haben, sind die katzenartigen Räuber zahlreich. Echte

Wölfe fehlen mit einer sehr bemerkenswerten Ausnahme, dem Canis antarcticus der Falklandsinseln, und auch alle Füchse bilden eine Gruppe für sich, die von den echten Füchsen anderer Gebiete, auch des neoborealen, ganz verschieden ist. Die Familie der Bären sehen wir allein durch den weißkehligen Bären (Ursus ornatus) vertreten, der ganz abseits auf den Hochlanden von Chile haust. Von den Kleinbären (Procyonidae) kommen die Waschbären (Procyon) auch neoboreal, die Nasenbären (Nasua) und die mit den Greifschwanzaffen vergleichbaren Wickelbären (Cercoleptes) nur hier vor.

Die Ordnung der Huftiere ist in Südamerika gegenwärtig sehr dürftig vertreten und fehlt gänzlich in Westindien. Eigentümlich sind die Pekaris oder Bisamschweine (Dicotyles), die Lamas und Guanakos, eigentümliche Hirsche (Pudua) und mehrere Arten von Tapiren, denen man sonst nur noch in der indischen Region begegnet. Vermißt werden alle echten Schweine (Suidae) und viele in der alten Welt so verbreitete Wiederkäuerformen, wie die echten Hirsche, Antilopen, Schafe, Ziegen und Rinder.

Mit Nagetieren, und zwar bemerkenswerten Formen, ist unser Gebiet recht gut versorgt, denn von den siebzehn Familien kommen neun hier vor, und vier gehören ihm ausschließlich an. Von einer fünften, den Trugratten (Octodontidae), kommen nur entfernte Verwandte in Afrika vor und eine sechste (Stachelschweine, Hystricidae) ist mit zwei fast ausschließlich Südamerika zukommenden Gattungen vertreten. Schwach ist es allerdings um die eichhornartigen Nagetiere (Sciuromorpha) bestellt, von denen nur die echten Eichhörnchen in wenig zahlreichen Arten vorhanden sind, dagegen können die stachelschweinartigen Tiere oder Hystricomorpha als die charakteristischen Nager des neotropischen Gebietes angesehen werden, da deren sämtliche sechs Familien vorkommen. Endemisch sind die Meerschweinchen (Caviidae), von denen das sogenannte Wasserschwein oder Kapybara (Hydrochoerus) zugleich das größte lebende Nagetier ist. Die nahe verwandte Familie der Agutis (Dasyproctidae) zählt den schmucken Goldhasen zu ihren Angehörigen. Eigentümlich sind auch die pelzwerkliefernden Chinchillas und die Viscachas (Lagostomus). Aus den schon genannten Trugratten sei der in Größe, Betragen und wertvollem Balge an den nordischen Biber erinnernde Sumpfbiber (Myocastor coypus) hervorgehoben. Von den echten Hasen (Leporidae) finden wir im ganzen Gebiete nur zwei Arten, und die Pfeifhasen (Ochotonidae) fehlen gänzlich.

Als für Neogäa sehr bezeichnend können wir die dortigen Edentaten oder Zahnarmen ansehen. Während aber die hierzu gehörigen Gürteltiere ziemlich in die gemäßigte Zone hineinreichen, sind die an tropische Wälder gebundenen Faultiere und Ameisenbären (Myrmecophagidae) südlich knapp bis Paraguay zu beobachten.

Von Beuteltieren finden wir die beiden Unterordnungen der Di- und Polyprotodonten, und zwar von ersteren eine ganz eigenartige Gattung von kleinem Wuchse und mäuseartigem Aussehen (Caenolestes); sie steht in Neogäa ganz allein da, während ihre — allerdings sehr entfernten — Verwandten auf Notogäa beschränkt sind. Die andere Unterordnung weist die Familie der Opossums (Didelphyidae) auf, deren meiste Arten unserem Gebiete angehören; nur eine, das gemeine Opossum (Didelphys marsupialis), greift auch in das neoboreale über.

Neoboreales Gebiet. — Die Säugetierfauna der Nordhälfte von Neogäa ist nur ein schwacher Abglanz des reichen, nach so fremdartigen Mustern hin entwickelten Tierlebens der neotropischen Region. Zahlreicher als in dieser sind die Insektenfresser, von denen namentlich die ihr fremden Maulwürfe gleich durch vier Gattungen vertreten sind.

Weiterhin müssen besonders die Nager durch eine gewisse Zahl besonderer Typen auffallen. Namentlich die mit gewaltigen Nagezähnen und Backentaschen ausgerüstete Familie der Taschenratten oder „Goffer" (Geomyidae) hat hier zahlreiche Formen entwickelt, die sich auf Gattungen von sehr verschiedenem Aussehen verteilen.

Von den Huftieren sind Arten der neuweltlichen Hirsche (Gattung Cariacus) besonders häufig, und hier ist auch die eigentliche Heimat eines ganz absonderlichen Wiederkäuers, der Gabelgemse (Antilocapra), obwohl sie auch weiter nördlich in das holarktische Gebiet eindringt. Dies Tier unterscheidet sich von den anderen hohlhörnigen Huftieren durch einen merkwürdigen Bau seiner Hörner, die aus verwachsenen Haaren gebildet, geweihähnlich verzweigt sind und alljährlich von den knöchernen Stirnzapfen abgeworfen werden, wie bei den Hirschen.

B. Vögel.

An Vögeln ist Neogäa noch bedeutend reicher als an Säugetieren, und die zoogeographisch so herausgehobene Stellung des Reiches offenbart sich besonders in der großen Zahl von eigenen Familien, die es besitzt. Zwar ist die Mehrheit davon dem tropischen Teile des Reiches, also dem neotropischen Gebiete allein zugewiesen, aber auch dem Ganzen kommen so ausgesprochene Charakterzüge zu, wie sie kaum eins der anderen Reiche besitzt. Wir haben nämlich unter den Sperlingsvögeln die sehr mannigfaltig ausgebildete Familie der Prachtmeisen (Tanagridae), die Spottdrosseln (Mimidae) und die Stärlinge (Icteridae), dann die zu den Schwirrvögeln gehörenden wunderbaren Kolibris (Trochilidae). Die Papageien sind durch die Keilschwanzsittiche (Conuridae), mit den großen und farbenschönen Aras, die Paarzeher durch die Madenhackerkuckucke (Crotophaginae) besonders vertreten.

Unter den Raubvögeln nehmen die Truthahngeier (Cathartidae), zu denen auch der Kondor gehört, eine sehr eigentümliche Stellung ein, und die Hühner zeichnen sich durch die anmutigen Baumwachteln (Odontophorinae) aus.

Neotropisches Gebiet. — Allein unter den sperlingsartigen oder Singvögeln haben nicht weniger als sieben Familien hier ihre besondere Heimat und von diesen bilden vier sogar eine Unterordnung der Singvögel oder Passeres für sich, nämlich die der Ameisendrosseln oder Tracheophonae; die anderen drei Familien aber sind die Hauptmasse einer zweiten Unterordnung Oligomyodae, die außerhalb Neogäas nur durch wenige andere Familien von meist sehr beschränkter Artenzahl und Verbreitung dargestellt ist.

Wir hätten zunächst die echten Ameisendrosseln (Formicariidae) und dann die im Bau des Schwanzes und in der kletternden Lebensweise vielfach an die Spechte gemahnenden Steigdrosseln (Dendrocolaptidae) zu nennen. Zu diesen gehören auch die merkwürdigen Töpfervögel (Furnariinae), die auf Baumzweigen aus Lehm ein backofenförmiges Nest erbauen. Weiter die Pflanzenmäder (Phytotomidae), die zierlichen Manakins (Pipridae) und farbenprächtigen Kotingas (Cotingidae), zu denen auch die sonderbaren „Klippenhühner" (Rupicola) und die Glockenvögel (Chasmorhynchus) gehören; jene durch ihr feuerfarbenes Gefieder und die Tanzvorstellungen bekannt, die sie einander geben, diese mit ihrem tiefen an Glockenklänge erinnernden Rufe eine oftgenannte Belebung der tiefschweigenden Urwälder Brasiliens. Den auch im neoborealen Gebiete, wenn auch schwach, vertretenen Tangaren schließen sich in der Gefiederpracht die reizenden Zuckervögel (Caerebidae) an.

Die Schwirrvögel haben eine höchst eigentümliche Familie von Nachtschwalben (Steatornithidae) hervorgebracht, die gesellig in Höhlen leben und sich nicht wie die übrigen Ordnungsmitglieder von Kerbtieren, sondern von Früchten nähren.

Unter den Paarzehern haben wir zuerst die barocken Pfefferfresser oder Tukans (Rhamphastidae). Die prachtvoll metallischen Glanzvögel oder Jakamars (Galbulidae), die Faulvögel (Bucconidae), die Sägeracken (Momotidae) mit sägeartigen Schnabelkanten und spatelartig gebildeten Schwanzfedern und die sonderbaren kleinen Plattschnäbel (Todidae) der Antillen stehen sehr für sich. Ebenso ist es mit den stattlichen Vertretern der Hühnervögel, den Hokkos (Cracidae), denn sie haben keine unmittelbaren Beziehungen zu irgendeiner Familie der Alten Welt. Die Steißhühner (Crypturi) müssen sogar als eine besondere Ordnung angesehen werden. Ganz besondere Familienvertreter der Schreitvögel sind das sogenannte Schopfhuhn von Guiana (Opisthocomus), die Seriëma oder Schlangenstorch (Cariama) von den Ebenen Brasiliens, der Trompetervogel (Psophia) der Amazonaswälder und der gehörnte Wehrvogel (Palamedea). Die südamerikanischen Strauße oder Nandus (Rhea) sind zwar den afrikanischen im Bau des Körpers und Gefieders ähnlich, aber durch ihren dreizehigen (bei letzteren nur zweizehigen) Fuß sehr unterschieden.

Neoboreales Gebiet. — Die Eigentümlichkeiten der neoborealen Avifauna halten keinen Vergleich mit denen des südlichen Nachbargebietes aus, denn es gibt keine abgegrenzten Vogelfamilien, die sie vor diesem voraus hätte, vielmehr müssen wir bis auf die Unterfamilien und Gattungen zurückgehen, um das Gebiet zoogeographisch abzugrenzen. Aber selbst diese Typen binden sich vielfach nicht an die von uns angenommenen Grenzen, sondern bewohnen auch anstoßende neotropische und holarktische Gebietsteile.

Beachtenswert als Unterschied ist zunächst der Besitz von echten Raben (Corvinae), zu denen die Krähen und Dohlen gehören; diese sonst kosmopolitischen Vögel fehlen nämlich in ganz Südamerika, während sie sich allerdings noch in Guatemala und Westindien finden. Auch die Spechtmeisen (Sittinae), Baumläufer (Certhiinae) und Gimpel (Loxiinae) erreichen hier ihre Südgrenze. Eine besondere Unterfamilie der Meisen (Chamaeinae) ist dem Gebiete eigen, und die Waldhühner (Tetraoninae) haben einen besonderen Reichtum von Haselhühnern in verschiedenen Gattungen entfaltet.

19. Kapitel. **Arktogäa.**

Die Verschiedenheit Arktogäas von Neogäa ist bei weitem nicht so stark wie die gegen Notogäa, weil letzteres Reich in seinem Reichtum eigentümlich entwickelter Lebewesen sehr für sich abgeschlossen ist, während sich zu beiden Seiten der Grenze Arktogäas gegen das neogäische Reich ziemlich viele gemeinsame Züge finden. Immerhin ist die Verschiedenheit auch hier wohl ausgeprägt. Der Charakter der arktogäischen Fauna besteht vor allem darin, daß ihr die Monotremen und die Zahnarmen oder Edentaten[1]) vollständig und die Beuteltiere so gut wie ganz abgehen, da nur einige diprotodonte Beutler ganz vereinzelt an der äußersten östlichen Grenze auf einige malaiische Inseln von Notogäa her übergreifen. Ebenso fehlen die Blattnasenfledermäuse (Phyllostomatidae) und die sehr ausgeprägten Vogelfamilien, die wir beim Überschauen der noto- und neogäischen Vogelwelt kennengelernt haben.

Diesen negativen Eigenschaften stehen aber eine gute Zahl von bezeichnenden Zügen gegenüber; allerdings gelten einige davon nur für den altweltlichen Teil des Reiches, der ja weitaus die größte Landmasse umfaßt[2]). Es sind unter

[1]) Die früher zu den Edentaten gerechneten altweltlichen Schuppentiere (Manidae) und Erdschweine (Orycteropodidae) läßt man jetzt eine besondere Ordnung der „Grabtiere" (Effodientia) bilden.

[2]) Im folgenden durch * bezeichnet.

den Säugetieren zunächst die *Halbaffen, die nur in Ostarktogäa vorkommen, obwohl sie im älteren Tertiär auch Nordamerika bewohnten, dann die Raubtierfamilien der *Zibetkatzen (Viverridae) und *Hyänen. Die Insektenfresser erscheinen in Arktogäa als besonders stark entwickelt nach Familien, wie nach dem Reichtum von Gattungen und Arten; jedoch bewohnen sie auch Neogäa, wenngleich in verhältnismäßig geringer Vertreterzahl. Von Nagern finden sich die Springmäuse (Dipodidae), Siebenschläfer (Myoxidae), Pfeifhasen (Ochotonidae) und Biber (Castoridae), von paarzehigen Huftieren die *Zwergmoschustiere (Tragulidae) und echten Hirsche (Cervus), sowie die unbedeutend nach Neogäa übergreifenden hohlhörnigen Wiederkäuer (Bovidae). Die Unpaarzeher sind durch *Pferde (Equidae), *Nashörner (Rhinocerotidae) und Rüsseltiere (Elephantidae) vertreten. Die Ordnung der Effodientia mit den *Schuppentieren (Manidae) und *Erdferkeln (Orycteropodidae) wurde früher mit Unrecht zu den rein neogäischen Zahnarmen (Edentata) gestellt.

Die Zahl der für Arktogäa bezeichnenden Vogelfamilien würde größer sein, wenn nicht manche auch in Notogäa mehr oder weniger weit verbreitet wären, dabei aber in der Neuen Welt ganz fehlten, so daß sie geradezu als altweltlich gelten müssen. Auch die nachstehenden Familien sind sämtlich auf altweltliche Teile des Reiches beschränkt, so daß in bezug auf die Verbreitung ganzer Vogelfamilien der westliche Abschnitt des arktogäischen Reiches eine Sonderstellung einnimmt. Sie wird aber weit weniger auffällig, wenn nur das holarktische Gebiet berücksichtigt wird, zu dem jener Teil gehört. Es kommen an wichtigen ostarktogäischen Familien in Betracht: die Honigkuckucke (Indicatoridae), Wiedehopfe (Upupidae), Nashornvögel (Bucerotidae), echten Geier (Vulturidae) und Wüstenhühner (Pteroclidae).

A. Säugetiere.

Holarktisches Gebiet. — Von den Primaten kommen Affen nur hie und da an den Grenzen vor, nämlich einige Makaken: eine Art in der Berberei, zwei bis drei weitere auf den Hochgebirgen Südostasiens und eine in Japan; diese letzteren vertragen in den Wäldern ihrer Heimat mit winterlicher Schneebedeckung ein weit kälteres Klima als alle übrigen Angehörigen ihrer Ordnung. Luchse (Lynx) haben hier ihr eigentliches Wohngebiet, das sie im Norden mit der Gattung Vielfraß (Gulo) teilen. Von Nagetieren sind die mit Backentaschen versehenen Backenhörnchen (Tamias) aus der Eichhörnchenfamilie fast ganz auf jenes beschränkt, ebenso wie die Biber (Castoridae). Ganz eigen sind ihm die Lemminge (Myodes), zu einer Unterfamilie der Muridae gehörend, die als Wühlmäuse (Microtinae) das holarktische Gebiet bis zum hohen Norden ausfüllen, aber auch in der neoborealen Region hausen. Auch die Springmäuse (Dipodidae) dürften rein holarktisch sein; merkwürdigerweise kommt die einzige amerikanische Gattung Zapus auch in Nordchina vor. Von den echten Hirschen (Cervus) sind Rothirsch und Wapiti, ferner Elche (Alces) nnd Renntiere (Rangifer) dem Gebiete eigen.

Die Einheit des über zwei Erdteile sich erstreckenden holarktischen Gebietes wird, abgesehen von diesen gemeinsamen Gattungen, noch durch eine Anzahl Arten gestützt, die entweder ein zirkumpolares Verbreitungsgebiet haben oder doch auf beiden Erdhälften durch nahe verwandte Formen vertreten sind. Zu ersteren gehört der Eisfuchs (Vulpes lagopus), braune Bär (Ursus arctos), Eisbär (Ursus maritimus), das Hermelin (Mustela erminea) und der Schneehase (Lepus timidus); jene sind beispielsweise der Edelmarder (Martes martes und Martes americana), Wisent (Bison urus und Bison americanus) und Biber (Castor fiber und Castor canadensis).

Diese und weitere hier nicht aufgeführte Fälle tun die Richtigkeit der Vereinigung des nördlichen Teiles der Alten und der Neuen Welt in ein einziges Gebiet dar, denn keins der übrigen zoologischen Gebiete hat eine so große Anzahl von gleichen oder nahe verwandten Arten gemeinsam wie die beiden Hälften des holarktischen. Trotzdem kommen jeder von diesen auch nicht wenige Gattungen von eigentümlicher Verbreitung zu, und zwar sind diese namentlich in den südlichen Teilen vorhanden, während die gemeinsamen Genera den nördlichen Gürtel bevorzugen. Es empfiehlt sich daher, jene Typen für die Ost- und Westhälfte des holarktischen Gebietes getrennt zu betrachten.

Im europäisch-asiatischen Teile findet sich als ein typisches Säugetier die Wasserspitzmaus, einzige Art der Gattung Crossopus; von anderen Insektivoren sind die echten Maulwürfe (Talpa) charakteristisch, von den Karnivoren die echten Dachse (Meles). Unter den Nagern sind eine Reihe von Gattungstypen zu erwähnen: echte Siebenschläfer (Myoxus), Haselmaus (Muscardinus), Hamster (Cricetus), mehrere Wühlmäuse von Gestalt und Lebensweise der Maulwürfe (Spalax u. a. m.) und Springmäuse von zum Teil ganz eigenem Aussehen (Dipus u. a. m.). Von Huftieren haben Steinböcke, Gemsen, Wildschafe hier ihre eigentliche Heimat, während das Reh (Capreolus) streng an die Gebietsgrenzen gebunden ist.

Für die amerikanische Hälfte entspricht der Stern mull (Condylura) unserem Maulwurfe. Die Nagetiere haben die eigentümliche Familie der Bergbiber (Haplodontiidae) und die pelzliefernde Bisamratte (Fiber). Von Huftieren greift die weiße Schneeziege (Haploceros) in das südliche Nachbargebiet über, während der Moschusochse auf den hohen Norden beschränkt ist.

Äthiopisches Gebiet. — Es unterscheidet sich von allen übrigen Gebieten durch die außerordentliche Zahl von großen Huftieren, die Grasländer und Urwälder bewohnen, soweit sie nicht die Hand des Menschen schon ausgerottet hat. Dagegen fehlen gewisse sonst in Arktogäa häufige Typen, ohne daß sich diese Tatsache befriedigend erklären ließe. Dies sind vor allem die Hirsche, die Bären und die echten Schweine mit Ausnahme einer Art (Sus sennaariensis), die sich hart an der Grenze des Gebietes in Obernubien findet. Ferner vermißt man zahlreiche holarktische Nagetiere wie Ziesel, Murmeltiere, Backenhörnchen, Biber, Wühlmäuse und Pfeifhasen.

Neben dem indischen bildet unser Gebiet die ausschließliche Heimat der menschenähnlichen Affen. Die äthiopischen Formen, Gorilla (Gorilla) und Schimpanse (Pan), sind auf den äquatorialen Waldgürtel vom Meerbusen von Guinea bis zum Seengebiete östlich beschränkt. Sehr verbreitet sind ferner unter den Vierhändern die Meerkatzen (Cercopithecus) und Paviane (Papio). Auch Halbaffen sind in zwei Gattungen (Galago, Perodicticus) vorhanden.

Sehr bemerkenswert ist Bau und Vorkommen der Insektenfresser. Von den fünf vorhandenen Familien sind nämlich zwei ganz oder fast ganz dem Gebiete eigen: die Rohrrüßler (Macroscelididae) mit verlängerten Hinterbeinen und langer Rüsselschnauze kommen auch in Nordafrika vor, die Goldmulle (Chrysochloridae) sind blind, ohrenlos, von maulwurfsartiger Lebensweise.

Die wenigen Katzen sind den Gattungen und größtenteils auch den Arten nach von den indischen nicht verschieden. Die Zibetkatzen (Viverridae) haben hier ihre höchste Entwicklung erreicht. Statt der Wölfe treffen wir Schakale und den buntgefleckten Hyänenhund (Lycaon pictus). Die Bären und Kleinbären (Procyonidae) fehlen, ebenso die echten Marder (Mustela), während die — auch indischen — Honigdachse (Mellivora) die Gruppe der Dachse vertreten.

Unter den Nagetieren werden die fehlenden echten Flughörnchen durch eine besondere Familie (Anomaluridae) ersetzt, die eigentümliche Schuppen unter der Schwanzwurzel haben — vielleicht zum Festhalten an schiefen Baumstämmen geeignet. Zu ihnen muß eine ganz abweichende, dem Bodenleben angepaßte Form gerechnet werden, die man früher zu den Springmäusen stellte: der kapsche Springhase (Pedetes). Endlich finden wir hier im äthiopischen Gebiete höchst auffallenderweise die nahe verwandte Familie der neogäischen Octodontidae wieder, die mit dem reizenden Kammfinger oder Gundi (Ctenodactylus) in Tripolis auch auf die holarktische Region übergreifen. Die großen jagdbaren Rohrratten (Thryonomys) stehen versprengt neben zahlreichen neogäischen Verwandten.

Nichts ist — wie schon gesagt — für das Gebiet bezeichnender, als der Reichtum an Formen der Huftiere, die meistens groß, öfters sogar Riesen sind: so die Flußpferde (Hippopotamus). An Stelle der kaum vorhandenen echten Schweine rücken die Flußschweine (Potamochoerus) und die häßlichen, mit Gesichtswarzen und riesigen Hauern versehenen Warzenschweine (Phacochoerus). Ebenso eigentümlich für das äthiopische Gebiet wie die Nilpferde sind die Giraffidae, zu denen außer der Giraffe noch ein erst vor 18 Jahren im innerafrikanischen Urwalde entdecktes Säugetier gehören dürfte, das Okapi (Okapia). Es hat bei Eselsgröße einen weniger abschüssigen Rücken als die Giraffe, ein teilweise zebraähnlich gestreiftes Fell und besitzt im männlichen Geschlechte Hörner. Zu größtem Formenreichtum sehen wir die Antilopen entwickelt, und die meisten Gattungen sind dem Kontinente Afrika eigen, nur wenige wüstenbewohnende Formen durch den ganzen nördlichen Trockengürtel und bis Indien verbreitet.

Auch die Unpaarzeher entwickelten Riesenformen, die sich von ihren indischen Verwandten unterscheiden, in den beiden zweihörnigen Rhinozerossen. Die Rüsselthiere haben im afrikanischen Elefanten den Vertreter einer besonderen Gattung (Loxodonta). Weniger durch Größe und Gestalt, als durch Färbung fallen die Tigerpferde oder Zebras auf, obwohl ihr Streifenfell das einzige ist, was sie von den echten Eseln unterscheidet. Eine besondere Unterordnung (Hyracoidea) endlich müssen die Klippschliefer (Procavia) bilden, denn sie vereinigen in sich die Merkmale der unpaarzehigen Huftiere mit der Schneidezahnbildung, dem kleinen Wuchse und der Lebensweise von Nagetieren.

Von ausschließlich äthiopischen Säugern sind schließlich noch die Erdschweine (Orycteropodidae) zu nennen, die wir mit den Schuppentieren zusammen als Effodientia den neogäischen Edentaten oder Zahnarmen gegenüberstellen können; jene sind durch das kapsche Erdferkel (Orycteropus capensis), die Manidae durch das Riesenschuppentier von Westafrika dargestellt.

Madagassisches Gebiet. — Man sollte erwarten, daß die Tierwelt einer Insel wie Madagaskar, die dem afrikanischen Kontinente so nahe liegt, mit der des Hauptlandes sehr verwandt sei. Daß aber gerade das Gegenteil der Fall, bekundet sowohl die Verbreitung der Säugetiere, wie auch anderer Ordnungen, weshalb die Erhebung dieser im Vergleich zu unseren anderen Tiergebieten kleinen, aber mit reichem und eigentümlichem Leben ausgestatteten Insel zu einer besonderen Region berechtigt ist.

Von 28 Arten nichtfliegender Säugetiere, die auf der Insel vorkommen, finden sich nur drei auch in Afrika: Nilpferd (in junger Vergangenheit ausgestorben), Flußschwein, Moschusspitzmaus; die übrigen sind nicht nur auf dem Festlande, sondern auch in allen anderen Gebieten unbekannt. Zudem gehören sie nur zu wenigen der in Afrika vertretenen Ordnungen und Familien. Statt der zahlreichen dortigen

Affen, Zwei- und Vielhufer sehen wir uns einer Unzahl von Halbaffen (Lemuren) gegenüber, deren Artenzahl die aller übrigen madagassischen Landsäugetiere übersteigt. Der Aye-Aye oder das Fingertier (Chiromys) ist die merkwürdigste Form aller Halbaffen wegen ihres nagetierartigen Gebisses und der dünnen, verlängerten Finger.

Die Insektenfresser zeigen eine bemerkenswerte Beziehung in den Borstenigeln oder Tanreks (Centetidae), weil sie ihre nächsten Verwandten in der Gattung Solenodon auf den Antillen haben sollen. Auch die in besonderen Mäusegattungen vertretenen Nagetiere sind sehr selbständig entwickelt. Das größte Raubtier Madagaskars, der Fossa (Cryptoprocta), steht zwar den Zibetkatzen nahe, ist aber namentlich durch sein katzenartiges Gebiß von ihnen recht verschieden. Eine zu den echten Viverriden gehörige Art, Daubentons Zibetkatze, hat ihre nächste Verwandte in einer südasiatischen Spezies. Übrigens sind auch die fruchtfressenden Fledermäuse des Gebietes nicht aus der äthiopischen Verwandtschaft, sondern gehören zur typisch indischen Gattung Pteropus; diese kommt auf einigen Maskareneninseln in fünf Arten vor, von denen eine oder zwei sich kaum vom gemeinen fliegenden Hund der indischen Halbinsel unterscheiden. Diese beiden Fälle sind aber die einzigen, die deutliche Beziehungen der madagassischen Säugetiere zu den indischen bekunden; im übrigen ist nur die Lemurenfamilie der Galaginae von äthiopischem Gepräge gegenüber der Menge von Halbaffenformen, die durchaus eingeborenen Charakter tragen.

Indisches Gebiet. — Die Anzahl eigentümlicher Gattungen von Säugetieren ist im indischen Gebiete geringer als im äthiopischen, denn nur zwei Familien sind vollständig auf Südasien beschränkt und eine weitere annähernd. Im Vergleiche mit Afrika fehlen ihr die dortigen Rohrrüßler, Warzenschweine, Klippschliefer und Erdschweine, ebenso die große Menge und Mannigfaltigkeit von Antilopen, die Tigerpferde, Giraffen und Flußpferde, wofür aber Schweine, Hirsche und Bären häufig vorkommen. Vom holarktischen Gebiete unterscheidet sich das indische durch das Vorhandensein der Affen — die dort Ausnahmen sind — und Halbaffen, sowie mehrerer abweichender Familien von Nagern und Insektenfressern, während die nordischen Wühlmäuse und Murmeltiere sowie die echten Edelhirsche fehlen.

Menschenaffen sind im Orang-Utan von Sumatra und Borneo und den weiterverbreiteten langarmigen Gibbons (Hylobates) vorhanden. Primaten gibt es weiterhin vorzugsweise als Makaken (Macacus) und Schlankaffen (Semnopithecidae), die aber auffallenderweise auch gewisse nachbarliche Teile des holarktischen Gebietes von kühler Gebirgslage innehaben. Zu der zweiten Familie gehört eine sehr barocke Form, der mit ungeheurem Riechorgane bedachte Nasenaffe (Nasalis) von Borneo. Aus den Halbaffen teilt sich die Familie der Lemuridae in das äthiopische, madagassische und indische Gebiet, während die Langfüßer (Tarsiidae) nicht über die Grenzen des indischen hinausgehen.

Die Insektenfresser besitzen eine sehr abweichende Lebensform in den Flattermakis (Galeopithecus), deren systematische Stellung früher bei den Lemuren gesucht wurde. Solche mit einer seitlichen Haut als Fallschirm versehene Säugetiere kennen wir außer unter den Insektivoren bereits unter den Nagern und Beutlern. Die für das Gebiet recht eigenen Insektenfresser sind die Spitzhörnchen (Tupaiidae), die im Körperbau in der Mitte zwischen Spitzmäusen und Eichhörnchen stehen und wie letztere auf Bäumen leben.

An Katzen enthält unser Gebiet mehr Arten als irgendein anderes. Zwar ist der Tiger (Felis tigris) nicht so charakteristisch für Indien wie man gewöhnlich annimmt, denn er kommt westlich bis zum Kaukasus, nördlich bis Sibirien vor;

in die Löwen, Leoparden und Jagdleoparden teilt sich das indische Gebiet mit dem äthiopischen. Dagegen ist der Nebelpanther (Felis nebulosa) außer vielen kleineren Katzenarten ausschließlich indisch.

Zibetkatzen sind ebenso gut vertreten wie in der äthiopischen Region, aber nur wenige Arten sind zugleich äthiopisch. Neu treten hinzu die Palmenroller (Paradoxurus), auf Bäumen hausende Viverren von mehr marderähnlichem Aussehen.

Während die gestreifte Hyäne (Hyaena striata) sowohl Afrika wie Indien bewohnt, hat unser Gebiet vor ersterem einen echten Wolf (Canis pallipes) und Wildhunde voraus. Aus den Bären hebt sich einerseits die kleinste Art, der Panda oder Katzenbär (Aelurus fulgens), sehr hervor, denn er ist das einzige altweltliche Mitglied seiner Unterfamilie der Kleinbären, die in Amerika besser vertreten ist. Andererseits lebt eine große Art von auffallend schwarzweißer Färbung, der Brillenbär (Aeluropus melanoleucus), im benachbarten Tibet. Die Marderfamilie hat den indischen Honigdachs oder Ratel (Mellivora) neben seinem einzigen afrikanischen Gattungsgenossen.

Von den Nagetieren erreichen die echten Eichhörnchen (Sciurus) hier den Höhepunkt ihrer Entwicklung, während die mäuseähnlichen Nager (Muridae) nicht weniger als elf eigentümliche Gattungen besitzen. Auffallenderweise sind es gerade die Philippinischen Inseln, zumal die Hochgebirge von Luzon, wo besondere Unterfamilien ihre Heimat haben; die der Schwimmratten (Hydromyinae) hat sogar ihre Verwandten in Australien. Ein sehr versprengtes Vorkommen ist das der quastenschwänzigen Stachelschweine (Atherura), deren eine Art in Hinderindien, die übrigen in Afrika vorkommen.

Die Huftiere des indischen Gebietes sind in einer Anzahl

schöner Büffelarten, wie dem Gaur (Bos gaurus) und Banteng (B. sondaicus), vertreten, aber die Antilopen stechen durch ihre Artenarmut sehr von der äthiopischen Mannigfaltigkeit ab. Demgegenüber überwiegen die Hirsche, wenn auch nicht durch sogenannte echte Hirsche, sondern durch kleine Tiere aus der Verwandtschaft des Axishirsches. Nicht zu vergessen sind die Zwerghirsche der typischen Gattung Tragulus. Beachtenswert ist die große Anzahl echter Schweine (Sus), deren Arten namentlich die Malaiengebiete innehaben. Ferner ist das indische Gebiet außer dem äthiopischen das einzige, in dem Nashörner und eine Elefantenart vorkommen; die Tapire — hier als der schwarzweiße Schabrackentapir — teilt es dagegen mit dem neotropischen.

Auch im Besitze von Schuppentieren (Manidae) hat unser Gebiet zugleich mit dem äthiopischen einen Vorzug vor den anderen Regionen; jene niedrigstehenden Säuger sind hier in mehreren Arten über Vorder- und Hinterindien, sowie über die großen Sundainseln bis Celebes verteilt.

B. Vögel.

Holarktisches Gebiet. — Eine Übersicht der holarktischen Vögel braucht nur diejenigen Gruppen zu berücksichtigen, welche entweder beiden natürlichen Gebietshälften angehören oder sich in ihrem Brutvorkommen — und nur dies kann maßgebend sein — auf die Alte Welt beschränken. Denn abgesehen von einigen Schwimmvogelgattungen aus einer sonst holarktischen Familie (Alcidae) gibt es kein bloß amerikanisch-holarktisches Genus, das nicht auch in Neogäa vertreten wäre und dadurch seine Herkunft aus diesem tiergeographischen Reich wahrscheinlich machte. Es wird daher genügen, in der nachfolgenden Aufzählung die eurasiatischen Vögel durch * zu kennzeichnen, ohne sie gesondert zu behandelu.

Es sind namentlich die echten Singvögel oder Sylviidae,

die im holarktischen Gebiete der Ornis ihren Charakter geben, so die *Grasmücken (Sylvia), *Schwirrsänger (Locustella) und *Laubsänger (Phylloscopus) nebst *Gartenspöttern (Hypolais), die im Brutvorkommen sich auf jenes beschränken, wie auch die ganze Unterfamilie der *Braunellen (Accentorinae). Von den Drosselvögeln (Turdidae) nennen wir die *nachtigallenähnlichen (Lusciniinae), von denen Rot- und Blaukehlchen sowie Nachtigallen altweltlich, die Hüttensänger (Sialia) neuweltlich sind; die Hüttensänger reichen in das neoboreale Gebiet hinein. Von den arktogäischen Steinschmätzern (Saxicolinae) ist eine Art (Saxicola oenanthe) über den ganzen Norden unseres Gebietes verbreitet, freilich als einzige, die der Neuen Welt angehört. Unter den Meisen (Paridae) haben wir die holarktische Unterfamilie der Goldhähnchen (Regulinae), unter den Klettermeisen (Certhiidae) aber die prächtige alpine Gattung des *Mauerläufers (Tichodroma).

Die Schmuckvögel (Ampelidae) haben die holarktische Gattung der Seidenschwänze (Ampelis), die aber eine auch im neoborealen Gebiete vorkommende Art zu sich rechnen. Holarktisch sind von den Rabenvögeln die Nußhäher (Nucifraginae) und *Alpenkrähen (Fregilinae), ferner die Elstern (Pica), Unglückshäher (Perisoreus) und *Eichelhäher (Garrulus), die allerdings auch das indische Gebiet streifen. Aus den Finkenvögeln seien die Gattungen der *echten Finken (Fringilla), Hänflinge (Linota), *Stieglitze (Carduelis), *Gimpel (Pyrrhula) und Kreuzschnäbel (Loxia) genannt; von den beiden letzteren ist das versprengte Wohnen einzelner Arten auf einigen Hochgebirgen des indischen und neotropischen Gebietes, z. B. auf der Philippineninsel Luzon und in Guatemala, bemerkenswert.

Äthiopisches Gebiet. — Das Afrika der tropischen und südlich gemäßigten Zone ist an Vögeln nicht so auffallend bevorzugt wie das andere „paläotropische" Gebiet, das indische, weshalb die Anzahl der eigentümlichen Familien nicht hoch ist. Dagegen sind einige der auch in der indischen und oft noch in den notogäischen Gebieten vorhandenen Familien in Afrika zu besonders reicher Entwicklung gelangt oder es sind eigentümliche Gattungen da, die dazu beitragen, der äthiopischen Vogelwelt immerhin ein besonderes Gesicht zu geben.

Eigene Familien sind die folgenden: Pisangfresser (Musophagidae), hühnergroß und schön gefärbt; Mausvögel (Coliidae), kleinere, im dichtesten Gestrüpp hausende Vögel mit ganz sonderbaren Lebensgewohnheiten im Wachen wie im Schlafen; Baumwiedehopfe (Irrisoridae), alle drei sind Sitzfüßer und Bewohner des geschlossenen Tropenwaldes. Bekannt ist eine äthiopische Familie der Raubvögel (Serpentariidae), welche allein von dem als Schlangenvertilger so nützlichen Kranichgeier gebildet wird. Ebenso gebietseigentümlich sind die Madenhacker (Buphaginae), eine Unterfamilie der Stare; zu den echten Staren gehören die Glanzstare, die mit ihrer Gefiederpracht, Beweglichkeit und Häufigkeit in der afrikanischen Vogelwelt sich ebenso bemerklich machen, wie die dortigen Angehörigen der Webervögel (Ploceidae) durch ihre auffälligen Nestbauten; obwohl auch in der indischen und australischen Ornis vertreten, sind die Weber in unserem Gebiete weitaus am formenreichsten. Viele eigentümliche Gattungen haben die Singvögel noch unter den Bülbüls (Pycnonotidae), Fliegenfängern (Muscicapidae), Würgern (Laniidae) und Raben (Corvidae), aus den Klettervögeln noch unter den Bartvögeln (Megalaeminae), Kuckucken (Cuculidae), den beiden prachtvollen Familien der Blauracken (Coraciidae) und Bienenfresser (Meropidae), den riesigen Nashornvögeln (Bucerotidae) und den Ziegenmelkern (Caprimulgidae). Die Wendehälse (Jynginae) — eine sehr abweichende Unterfamilie der Spechte — gibt es außer einer holarktischen Art nur hier. Auffallend arm für ein tropisches Gebiet ist dagegen das äthiopische an Papageien und Tauben. Von Hühnern ist es die Heimat der Perlhühner (Numidinae), während Wüstenhühner (Pterocles) und Frankoline (Francolinus) dank der ausgebreiteten Steppenlandschaften stark vertreten sind. Auch gibt es hier die größten aller lebenden Vögel, die zweizehigen Strauße (Struthio).

Madagassisches Gebiet. — Madagaskar und seine benachbarten Inseln sind außerordentlich reich an Vögeln, und zwar entsprechen diese in der Menge ihrer eigenartigen Formen der wunderbaren Säugetierwelt — auch im Fehlen gar mancher gemein-äthiopischer Familien. Wir vermissen die Meisen und Finken — beide in Afrika allerdings ebenfalls schwach vertreten —, von den Klettervögeln fehlen aber nicht weniger als sieben Familien und Unterfamilien: Spechte (Picidae), Honigkuckucke (Indicatoridae), Bartvögel (Megalaeminae), Pisangfresser (Musophagidae), Mausvögel (Coliidae), Nashornvögel (Bucerotidae) und Baumwiedehopfe (Irrisoridae); dafür besitzt das Gebiet allein zwei Unterfamilien der Racken, nämlich die Leptosomatinae und Brachypteraciinae — Vögel von teilweise ganz barocker Gestalt. Die Sperlingsvögel liefern folgende sehr einzelstehende Familien: Sammetvögel (Philepittidae), Vangawürger (Vangidae), Sichelelstern (Falculiidae).

In der Taubenordnung erregt die Familie der Dronten oder Dudus (Dididae) Aufsehen. Zu ihr gehören riesige, plumpe und flugunfähige Taubenformen von den Maskarenen, die leider seit mehreren Jahrhunderten durch Menschenhand ausgerottet uns nach ihrem Aussehen nur noch aus Gemälden und Knochenresten erhalten sind. Die Schreitvögel haben eine fremdartige Familie der Stelzenrallen (Mesoenatidae).

Dann aber ist es die Anzahl der besonderen, oft ungemein eigentümlichen Gattungen, der einen Hauptzug der Ornithologie Madagaskars ausmacht; es werden davon alle wichtigen Familien der Singvögel, jedoch auch der Kuckucke, Tauben, Hühner- und Raubvögel betroffen. Viele äthiopischen und indischen Gattungen sind außerdem in besonderen Arten vertreten. Beachtenswert ist die Tatsache, daß mehrere Gattungen wohl Verwandtschaft zur Avifauna des indischen, nicht aber des äthiopischen Gebietes aufweisen, eine Wiederholung gleicher Züge unter den Zibetkatzen und fliegenden Hunden.

Indisches Gebiet. — Nur hier vorkommende Familien sind aus den sperlingsartigen Vögeln die „Hornrachen" (Eurylaemidae) und Blattvögel (Phyllornithidae), beide durch das leuchtende Smaragdgrün im Gefieder mancher ihrer Mitglieder bemerkenswert. Auch die Prachtdrosseln (Pittidae) sind eine Familie von hervorragend schön gefärbten Vögeln, die aber auch im papuanischen und mit einer westafrikanischen Art im äthiopischen Gebiete vorkommen. Ebenso ausgezeichnet sind die tiefblauen Feenvögel (Ireninae), die zu den Stachelbürzeln (Campephagidae) gehören. Zu höchster Entwicklung aber sind hier die Kurzfuß- und Lärmdrosseln (Crateropodidae und Timeliidae) gelangt — große Familien von drosselähnlichen Vögeln, die in bunter Formenmannigfaltigkeit bald Hähern und Staren, bald Laubvögeln und Rohrsängern ähneln, immer aber den stärksten Anteil an der Menge von Singvögeln liefern, die Urwald, Dschungel und Grasländer des indischen Gebietes beleben. Ihren Verbreitungsmittelpunkt haben dort auch die Blumensauger oder Sonnenvögel (Nectariniidae), reizende, besonders farbenprächtige Vögelchen, deren Erscheinung und Nahrungserwerb einen Vergleich mit den systematisch ganz fernstehenden Kolibris nahelegt.

Von Klettervögeln findet man die äthiopischen Honigkuckucke, Bart- und Nashornvögel, die Eisvögel zumal durch Größe und Artenzahl bemerkenswert wieder.

Ganz besonders bevorzugt dürfte unser Gebiet im Besitze von Hühnern sein, und zwar nicht nur der Gattungs- und Artenzahl nach, sondern unverkennbar auch in der großartigen Erscheinung und Farbenschönheit dieser Tiere. Die ganze Unterfamilie der Pfauen (Pavoninae) ist hier zu Hause, mitsamt dem schönsten aller Vögel, dem „gemeinen" Pfau und dem wunderbaren Argus, ferner die Fasanen (Phasianinae), zu denen außer den auch holarktisch verbreiteten echten Fasanen noch eine Reihe mannigfaltiger und schöner Gattungen rechnen; nicht vergessen dürfen wir hierunter die Dschungelhühner (Gallus) als Stammformen unseres Haushuhnes, das also hier seine Urheimat hat. Auch Rebhühner (Perdicinae) sind als anmutige Baumhühner und Wachteln zahlreich.

Die tiergeographische Verwandtschaft Südasiens mit den Nachbarregionen kommt hinsichtlich der Vögel nicht nur nach dem äthiopischen und madagassischen Gebiete, sondern auch nach dem holarktischen und papuanischen hin zum Ausdruck. Die holarktische Vogelwelt sendet an der Westgrenze Indiens längs des Industales und an den höheren Lagen des Himalajaabhanges manche ihrer typischen Gruppen, wie Erdsänger (Lusciniinae), echte Häher (Garrulus), Finken und Gimpel in die Tropenzone hinein, während australische Formen, wie Kakadus, Honigsauger und Großfußhühner von Osten her das indische Gebiet betreten haben.

20. Kapitel. **Die Verbreitung der Säugetiere.**

Wiewohl unser paläontologisches Wissen noch manche Lücken zeigt, ist es doch möglich, ein ungefähres Bild von der heutigen und früheren Verbreitung der Säugetiere zu entwerfen. Die Möglichkeit dazu bietet uns einmal das geologisch junge Alter dieses Tierstammes, dessen einzelne Zweige sich fast alle erst im Tertiär in parallelem Auseinanderstreben entwickelt haben, das andere Mal die leidliche Erhaltung der versteinerten Reste von zahlreichen Arten.

Zwei wichtige Fundstätten fossiler Säugetiere haben künftig öfters Erwähnung zu finden, deren Namen aber eine weitere geographisch-faunistische Bedeutung haben, als sie auf einmal angeben. Die eine ist die Pikermifauna, so genannt, weil sie durch Höhlenfunde bei Pikermi in Attika bekannt wurde; von pliozänem, d. h. jungtertiärem, Alter war sie jedoch über ganz Südeuropa, von Spanien und Algier an bis hinauf nach Worms, Wien und Rumänien, östlich aber bis nach Kleinasien und Persien verbreitet und läßt das damalige Vorhandensein eines die Stelle des jetzigen Ägäischen Meeres einnehmenden Festlandes fast mit Sicherheit voraussetzen.

Nahe verwandt mit der pikermischen ist die Siwalikfauna in Indien und den benachbarten Ländern. Sie wurde ursprünglich in den Siwalikhügeln am Fuße des Himalaja entdeckt, dann aber nach Nordwesten bis ins Pandschab und nach Belutschistan, östlich über Birma, Java, Sumatra und die Philippinen bis Nordchina und Japan verfolgt. Zu ihr gehören viele jüngere und auch ältere Formen, die in der Pikermifauna nicht erhalten geblieben sind.

Unter Einhaltung der gebotenen Kürze wird also im folgenden eine Skizze unseres jetzigen tatsächlichen Wissens versucht werden:

Kloakentiere (Monotremata). — Nur im australischen und papuanischen Gebiete.

Beuteltiere (Marsupialia). — Fast ganz auf das australische, papuanische und einige letzterem benachbarte Inseln des indischen Gebietes beschränkt. Nur die formenarme

Familie der Opossums (Didelphyidae) und die fast ausgestorbene der Epanorthidae ist neogäisch, die letztere bloß neotropisch.

Früher war dies anders. Schon während der Jurazeit gab es in Europa und Nordamerika zahlreiche kleine Beuteltiere, von denen eine Gruppe Vorfahren der heutigen Beutelmarder (Dasyuridae) enthalten haben dürfte. Nachdem diese Urbeutler im Westen der Alten Welt ausstarben, scheinen sie als polyprotodonte Marsupialien in Südostasien fortgelebt und sich im Eozän daselbst in Dasyuridae und Didelphyidae gesondert zu haben. Letztere breiteten sich wahrscheinlich einerseits nach Europa, andererseits nach Nordamerika aus, denn später, während der Tertiärzeit, und zwar im Oligozän, lebten schon echte Opossums in denselben Gegenden, von denen aus sie ziemlich spät, d. h. gegen Ende des Tertiärs nach Südamerika vorgedrungen sind. Vertreter der Dasyuriden aber fanden alsbald ihren Weg nach Neuguinea und Australien, um daselbst, namentlich im Quartär, zu hoher Entwicklung zu gelangen.

Ferner kennt man aus dem mittleren Tertiär Patagoniens Reste von Beutlern, die mit einer noch lebenden Gattung Südamerikas (Caenolestes) Verwandtschaft haben. Da die ersteren aber nur mit den notogäischen Beutelmardern in Beziehung zu bringen sind, so erklärt sich dies wohl besser durch gemeinsame Herkunft von Vorfahren aus der Nordhalbkugel, nicht durch Überquerung des Pazifik über eine frühere Landbrücke.

Zahnarme (Edentata). — Als eine rein neogäische Ordnung sind die Edentaten in der Familie der Faultiere (Bradypodidae) streng neotropisch verbreitet, während die Gürteltiere oder Armadillos (Dasypodidae) noch bis in den Süden des neoborealen Gebietes hineingehen. Sie dürften im neogäischen Reiche selber entstanden sein, ohne je dessen Grenzen überschritten zu haben.

Formenarm ist die altweltliche Ordnung der Scharrtiere (Effodientia) mit den zwei Familien Schuppentiere (Manidae) und Erdschweine (Orycteropodidae).

Nagetiere (Rodentia). — Nach den Unterordnungen betrachtet, finden wir zuerst die eichhornartigen Nager oder Sciuromorpha überall außer in Notogäa, aber nur schwach vertreten in Neogäa. Von den Familien sind die Flughörnchen (Anomaluridae) äthiopisch, die eigentümlichen Bergbiber (Haplodontiidae) und die Biber (Castoridae) holarktisch, die echten Eichhörnchen (Sciuridae) vorwiegend holarktisch und indisch.

Die zweite Unterordnung bilden die Mäuseartigen (Myomorpha). Ihre erste Familie, die Mäuse oder Muridae, ist kosmopolitisch, doch kommt in Notogäa einzig die Unterfamilie der echten Ratten und Mäuse (Murinae) vor, die andere große Unterfamilie der Wühlmäuse (Microtinae) ist fast rein holarktisch, jedenfalls fehlt sie gänzlich im äthiopischen, madagassischen und neotropischen Gebiete. Die Springmäuse (Dipodidae) sind holarktisch, die Maulwurfsmäuse (Spalacidae) und Siebenschläfer (Myoxidae) altweltlich mit Ausnahme des madagassischen Gebietes, die Taschenratten (Geomyidae) hingegen fast ganz neoboreal.

Dagegen haben die stachelschweinartigen Nager (Hystricomorpha) jetzt das Übergewicht in Neogäa; man rechnet dazu außer den eigentlichen Stachelschweinen u. a. noch die neogäischen Agutis (Dasyproctidae), Wollmäuse oder Chinchillas und Viscachas (Lagostomidae) und die Trugratten (Octodontidae). In der Alten Welt gibt es — Notogäa wie immer außer Betracht gelassen — nur echte Stachelschweine (Hystricidae).

Von den Hasenartigen (Lagomorpha) sind die Pfeifhasen (Ochotonidae) holarktisch, die Hasen (Leporidae) im madagassischen Gebiete gar nicht, im neotropischen nur in geringster Zahl vorhanden, was sich durch eine spät im Pliozän erfolgte Einwanderung von Norden her erklärt.

Huftiere (Ungulata). — Von der Unterordnung der Unpaarzeher (Perissodactylia) waren die Nashörner (Rhinocerotidae) während der älteren Tertiärzeit auf der ganzen Nordhalbkugel vorhanden, starben aber bis zum Ende dieser Periode in Nordamerika aus. In Europa und Asien gab es sie noch in der Eiszeit, dem Pleistozän, Quartär oder Diluvium, bis zum nördlichen Polarkreise; die lebenden Arten sind auf das äthiopische und indische Gebiet beschränkt.

Die Tapire (Tapiridae) sind jetzt nur durch einige neogäische und eine indische Art vertreten. Sie waren aber früher in Nordarktogäa weit verbreitet, und fossile Reste der einzigen lebenden Gattung Tapirus kommen häufig im europäischen Pliozän, aber nicht in Nordamerika vor. Dagegen sind im älteren Tertiär hier wie dort Formen erhalten, die als Vorfahren jener Gattung anzusehen sind und die Ausbreitung der Familie nach den Punkten ihres jetzigen Vorkommens erklärlich machen.

Während die Pferde (Equidae) jetzt auf das äthiopische, indische und holarktische Gebiet, soweit es zur Alten Welt gehört, beschränkt sind, waren sie noch im Pleistozän in Neogäa häufig. Für ihr damaliges Aussterben in der Neuen Welt, wo sie erst in der Neuzeit wieder eingeführt worden sind, gibt es keine befriedigende Erklärung.

Zu den Paarzehern (Unterordnung Artiodactylia) rechnet man zunächst die Schweine (Suidae). Die echten Schweine (Suinae) sind altweltlich, die Pekaris (Dicotylinae) neogäisch. Im Tertiär beider Welten kommen aber Zwischenformen vor, die anscheinend die Vorfahren beider Unterfamilien darstellen.

Anders die Flußpferde (Hippopotamidae). Obwohl spättertiäre Reste sich in Süd- und Mitteleuropa sowie in der

Siwalikfauna finden, sind sie jetzt auf das äthiopische Gebiet beschränkt. Auch haben sie offenbar niemals so hoch im Norden gelebt, um über die Gegend der heutigen Beringstraße nach Nordamerika einwandern zu können.

Kamele (Camelidae) gibt es in wildem Zustande jetzt nur noch in den Wüsten Zentralasiens und als Lamas im neotropischen Gebiete. Entstanden sind sie ohne Zweifel in Nordamerika. Von hier aus drang ein Zweig, die echten Kamele oder Dromedare, über die Gegend der Beringstraße nach der Alten Welt vor, wo man in Algier, Rumänien und Indien plio- bis pleistozäne Reste gefunden hat. Ein anderer Zweig gelangte über den Isthmus von Panama nach Südamerika, wo er zu den heutigen Lamas und Guanakos wurde.

Die Zwergmoschustiere (Tragulidae) sind jetzt nur im indischen und äthiopischen Gebiete zu finden, und zwar im letzteren als Wasserkantschil (Dorcatherium). Letzterer war jedoch tertiär in Europa und Indien, verwandte Formen in Nordamerika vorhanden, so daß die Verbreitung der Familie bis zur Gegenwart starke Einschränkung erfahren hat.

Das Fehlen aller Hirsche (Cervidae) im äthiopischen und madagassischen Gebiete ist schon früher hervorgehoben worden. Alle vier Unterfamilien, die Moschustiere (Moschinae), Zwergrehe (Hydropotinae), Muntjaks (Cervulinae) und echten Hirsche (Cervinae) sind arktogäisch, und zwar größtenteils indisch. Unter den letzteren sondert man nach dem Bau der Fußwurzelknochen zwei Abteilungen, die der plesiometakarpen und telemetakarpen Hirsche; im holarktischen Gebiete kommen sowohl erstere (z. B. Rothirsch, Wapiti) wie auch letztere (z. B. Renntier, Elch, Reh) vor, in Neogäa hingegen nur telemetakarpe Hirsche.

Die Familie der Giraffen (Giraffidae), die jetzt nur durch einige äthiopische Arten von Giraffa und durch das eigenartige Okapi (Okapia) vertreten ist, war früher in einer beträchtlichen Anzahl von Gattungen über die Osthälfte von Arktogäa verbreitet und anscheinend darauf beschränkt. Echte Giraffen (Giraffa) gab es neben anderen Gattungen während der Pliozänzeit in Griechenland, Persien, Indien und China.

Die umfangreiche Familie der Rinder (Bovidae) gehört bis auf einige ins neoboreale Gebiet übergreifende Mitglieder ganz dem arktogäischen Reiche an, namentlich sämtliche Antilopen, die echten Ziegen sowie die meisten Arten der Schafe. Dem madagassischen Gebiete fehlen alle Rinder. Im äthiopischen Gebiete ist besonders die mannigfaltige Unterfamilie der Antilopen entwickelt, jedoch waren viele ihrer Formen auch in der Siwalikfauna vorhanden.

Rüsseltiere (Unterordnung Proboscidea) gibt es heutzutage nur als Elefanten im äthiopischen und indischen Gebiete, während die Tertiärzeit noch viele von ihnen unter den Säugetieren der Siwalikfauna und anderer Gegenden sah, so daß es bis zur Eiszeit Elefanten in ganz Europa und Asien bis hinauf zum Polarkreise, ja in Amerika während des Pliozäns bis ins neotropische Gebiet hinein gab.

Zur letzten Unterordnung Hyracoidea rechnet man die kleine Familie der Klippschliefer (Procaviidae), die nur im äthiopischen Gebiete und bis Syrien hinauf vorkommen.

Raubtiere (Carnivora). — Wir finden echte Bären (Ursidae) nur im holarktischen und indischen Gebiete und vereinzelt in Neogäa, im letzteren Reiche als späte Einwanderer nach der Tertiärzeit; das Fehlen der Familie im äthiopischen und madagassischen Gebiete ist ebenso bemerkenswert wie das der Hirsche. Wesentlich neogäisch sind die Kleinbären (Procyonidae) mit den Wasch-, Wickel- und Nasenbären; nur der Katzenbär (Ailurus) lebt in Asien.

Arktogäisch und neogäisch ist die große Familie der Marder (Mustelidae), doch deutet ihre Verwandtschaft mit den rein altweltlichen Zibetkatzen und das spärliche Vorkommen in

Südamerika darauf hin, daß sie in der Alten Welt entstanden sind.

Die **Hunde** (Canidae) sind Kosmopoliten, da sogar Notogäa eine wahrscheinlich nicht eingeführte Art im Dingo besitzt. Bemerkt sei noch, daß echte Wölfe (Canis) im äthiopischen und madagassischen, echte Füchse (Vulpes) ganz im neotropischen, fast ganz im äthiopischen und im indischen Gebiete östlich und südlich der Bai von Bengalen fehlen.

Hyänen (Hyaenidae) besitzen jetzt nur das äthiopische und indische Gebiet, zum Teil sogar die gleichen Arten, aber im Tertiär bis zur Eiszeit war die Familie im Gebiete der Siwalik- und Pikermifauna bis nach Mitteleuropa hinein häufig.

Rein altweltlich sind die **Zibetkatzen** (Viverridae), im holarktischen Gebiete aber auf Südeuropa und Nordafrika beschränkt.

Die **Katzen** (Felidae) bewohnen alle in Frage kommenden Regionen.

Insektenfresser (Insectivora). — Diese Ordnung fehlt nur in Südamerika und Notogäa. Die Mehrzahl der Familien ist auf ziemlich kleine Verbreitungsgebiete angewiesen. So die Flattermakis (Galeopithecidae) und Spitzhörnchen (Tupaiidae) im südlichen Teile des indischen Gebietes. Letzteren entsprechen die äthiopischen Elefantenspitzmäuse (Macroscelididae), die aber im mitteleuropäischen Miozän da waren; sie teilen ihr Vaterland mit den Goldmullen (Chrysochloridae). Die madagassischen Borstenigel (Centetidae) haben Verwandtschaft mit den westindischen Solenodontidae. Biberspitzmäuse (Potamogalidae) kennt nur das äthiopische und madagassische Gebiet. Spitzmäuse (Soricidae) fehlen dem neotropischen Gebiete. Fast rein holarktisch und neoboreal sind die Maulwürfe (Talpidae), während die Igel (Erinaceidae) der Neuen Welt und dem madagassischen Gebiete fehlen.

Flattertiere (Chiroptera). — Die Fledermäuse sind Kosmopoliten, die sogar ganz Notogäa bewohnen, jedoch trotz ihrer Flugfertigkeit sich großenteils an die Grenzen der Gebiete halten, welche die Verbreitung der anderen Säugetiere darstellt. Nur die Familien der Vespertilionidae und Emballonuridae gehören der östlichen und westlichen Halbkugel an, während die Blattnasen oder Vampire (Phyllostomatidae) neotropisch, die fruchtfressenden Flughunde (Pteropodidae) paläotropisch verbreitet sind. Von den zwei übrigbleibenden Familien bewohnen die Nycterididae das indische, äthiopische und australische Gebiet, die Hufeisennasen (Rhinolophidae) die Alte Welt mit Ausnahme der polynesischen Inseln.

Halbaffen (Prosimiae). — Die Lemuren, Makis usw. sind gegenwärtig auf das madagassische, äthiopische und indische Gebiet beschränkt. Ihre drei Familien verteilen sich so, daß die größte (Lemuridae) über alle drei Gebiete verbreitet ist, die nur durch eine Gattung vertretene Familie der Langfüßer (Tarsiidae) ausschließlich indisch und die der Fingertiere (Chiromyidae) madagassisch ist. Zu Beginn der Tertiärzeit gab es Halbaffen in Westeuropa und Nordamerika, die jedoch bereits mit dem Oligozän ausstarben.

Affen (Simiae). — Die echten Affen zerfallen in zwei im Bau wie im Vorkommen scharf getrennte Gruppen, die altweltlichen mit schmaler und die neuweltlichen mit breiter Nasenscheidewand; beide haben zu keiner Zeit Berührung miteinander gehabt. Jene enthalten zunächst die Familie der Menschenaffen (Simiidae) mit den Gattungen Gorilla (Gorilla) und Schimpanse (Anthropopithecus) im äthiopischen, Orang-Utan (Simia) und Gibbon (Hylobates) im indischen Gebiete. Die Schimpansen gehörten früher zur Siwalikfauna Indiens. Die Gibbons waren im mittleren Tertiär Bewohner Frankreichs und Badens. Weit formenreicher ist die andere altweltliche Familie der geschwänzten Affen (Cercopithecidae), welche das indische, äthiopische und einige angrenzende Teile des holarktischen Gebietes bewohnen. Sie kamen im Miozän und Pliozän ebenfalls in Mitteleuropa vor.

Die neuweltlichen Affen teilen sich in die Greifschwanzaffen (Cebidae) und Krallenaffen (Hapalidae); beide Familien sind neotropisch.

Alle bisher genannten Säugetiere sind echte Landtiere, wenn auch manche in Binnengewässern ihre Nahrung suchen, gehören also dem festländischen Lebensbezirke an. Es bleiben aber noch drei andere Ordnungen zu besprechen, von denen die Seekühe und die Robben dem Meere, und zwar dem litoralen Bezirke angehören, während die Waltiere zwar die Hochsee bewohnen können, aber von Haus aus ebenfalls küstennahen Gewässern angehören.

Seekühe (Sirenia). — Nur aus einem halben Dutzend Arten bestehend, zerfällt die Ordnung in zwei Familien. Die Manatis (Manatidae) kommen an den tropischen Küsten beider Halbkugeln vor, wobei sie auch Lagunen und große Ströme aufsuchen. Nur im altweltlichen Litoral der Tropenmeere hausen die Dugongs (Halicoridae). Dieser Familie war auch die früher an einigen Küsten des Beringsmeeres lebende Stellersche Seekuh (Rhytina Stelleri) zuzurechnen, die im 18. Jahrhundert von Menschenhand ausgerottet wurde.

Robben (Pinnipedia). — Die erste Familie, Ohren- oder Pelzrobben (Otariidae), findet sich einerseits an den Ufern der Südkontinente, und zwar bis hinauf zu den Galapagosinseln, andererseits an denen des nördlichen Stillen Ozeans, südlich bis Japan und Kalifornien; das nordatlantische Litoral besitzt keine Ohrenrobben. Den nördlichen Eismeerküsten gehören die Walrosse (Trichechidae) an. Die Robben (Phocidae) sind bipolar in den kalten und gemäßigten Küstengewässern verbreitet, finden sich aber auch als „Relikte" in einigen großen Binnenseen, so im Kaspischen Meere und Baikalsee.

Wale und Delphine (Cetacea) gibt es in allen Ozeanen. Eine beschränkte Anzahl Formen, die Familie Platanistidae bildend, und gewisse Delphine leben jedoch im Brackwasser der Strommündungen und selbst in Flüssen bis zum Oberlaufe hinauf. Der Schnabeldelphin (Platanista gangetica), ein Bewohner der Ströme Nordindiens wie des Ganges, Brahmaputra und Indus, verläßt sogar nie das Süßwasser. In gleicher Weise bewohnt die amerikanische Inia geoffroyensis den Orinoko und das System des oberen Amazonas.

Die Meeresbewohner teilt man in die beiden Gruppen der Bartenwale und Zahnwale. Erstere sind wesentlich auf das nördliche und südliche Eismeer beschränkt, letztere zählen zu sich den Cachelot (Physeter macrocephalus) als Bewohner tropischer und subtropischer Meere und die Delphine, welche in den meisten Gewässern vorkommen.

21. Kapitel. **Die Verbreitung der Vögel.**

Die Tatsachen der Vogelverbreitung müssen in zwei der tiergeographischen Bedeutung nach scharf zu scheidende Gruppen gesondert werden. Für die eine berücksichtigen wir nur die Brutvorkommnisse, d. h. wir stellen die Orte zusammen, an denen jede Vogelart brütet, und erhalten dadurch ihr Brutgebiet. Dies kommt einzig und allein für zoogeographische Untersuchungen in Betracht.

Außerdem besteht die wunderbare Erscheinung des regelmäßigen Ortswechsels vieler nördlicher Vögel mittels des

Zuges. Diese ist aber biologischer, nicht tiergeographischer Art, somit hier nicht zu berücksichtigen.

Wir treten in die Besprechung der geographischen Verbreitung selbst ein. Leider sind die Vögel in Versteinerungen längst nicht so vollständig erhalten wie die Säuger, was an der zarteren Beschaffenheit ihrer Knochen liegen dürfte; immerhin sind durch die bisher gemachten Funde manche Fingerzeige für Rückschlüsse auf die frühere Verbreitung gegeben. Die ältesten Reste, welche sich auf heutige Formen beziehen lassen, sind aus den mittleren Tertiärschichten Frankreichs und Englands und enthalten neben Gattungen wie Wachtel, Rebhuhn, Regenpfeifer, Eichelhäher und Falk, die heute in denselben Gegenden leben, auch Formen der jetzigen Tropenzone wie Nageschnabel (Trogon), Edelpapagei (Psittacus), Dickkopfracke von Madagaskar (Leptosomus) und Salangane (Collocalia). Diese Funde geben einige wichtige Aufschlüsse über die frühere Verbreitung rein tropischer Vogelfamilien, und sie stimmen gut mit dem überein, was wir von der damaligen Säugetierfauna wissen. Wir finden dieselben Anzeichen eines tropischen, üppigen Pflanzenwuchs hervorrufenden Klimas und dasselbe Auftreten von echt indischen und äthiopischen Typen. In den gleichaltrigen Schichten Nordamerikas ist das Vorkommen einer Art Truthahn (Meleagris) ein Beispiel von dem Alter jetzt dort einheimischer Gattungen. Auf einige andere Fälle sollen uns die folgenden Auseinandersetzungen führen.

Die größten Verschiedenheiten in der gegenwärtigen Verbreitung der Familien werden durch die Beschränkung der einen auf die Alte Welt (= Arktogäa + Notogäa), anderer auf die Neue Welt (= Neogäa) bedingt. Man kann diese in zwei parallele Reihen ordnen, deren Glieder sich nach körperlicher Erscheinung und Lebensweise mehr oder weniger genau vertreten:

Alte Welt:	Neue Welt:
Plattschweifsittiche (Platycercidae)	Keilschwanzsittiche (Conuridae)
Nashornvögel (Bucerotidae)	Pfefferfresser (Rhamphastidae)
Bienenfresser (Meropidae)	Glanzvögel (Galbulidae)
Sonnenvögel (Nectariniidae)	Kolibris (Trochilidae)
Fliegenschnäpper (Muscicapidae)	Königswürger (Tyrannidae)
Pirole (Oriolidae)	Stärlinge (Icteridae)
Weber (Ploceidae)	Prachtmeisen (Tanagridae)
Erdsänger (Sylviidae)	Waldsänger (Silvicolidae)
Lärmdrosseln (Timeliidae)	Ameisendrosseln (Formicariidae)
Echte Geier (Vulturidae)	Truthahngeier (Cathartidae)
und folgende Unterfamilien:	
Bartvögel (Megalaeminae)	Faulvögel (Bucconinae)
Pfauen (Pavoninae)	Truthühner (Meleagrinae)
Rebhühner (Perdicinae)	Baumwachteln (Odontophorinae)

Kosmopoliten, d. h. in allen Gebieten vorhanden, sind die folgenden Familien: Kuckucke (Cuculidae), Eisvögel (Alcedinidae), Lerchen (Alaudidae), Bachstelzen (Motacillidae), Fischadler (Pandionidae), Falken (Falconidae), Schleiereulen (Strigidae), Rallen (Rallidae), Schnepfen (Scolopacidae), Regenpfeifer (Charadriidae), Reiher (Ardeidae), Entenvögel (Anatidae), Möwen (Laridae), Sturmvögel (Procellariidae), Pelikane (Pelecanidae), Steißfüße (Podicipidae).

Aus diesen haben die Raubvögel und das große Heer der Wat- und Schwimmvögel mit den Reihern, Störchen, Rallen, Kiebitzen, Enten, Möwen und Tauchern solche universelle Verbreitung, daß diejenige mancher Gattungen und selbst Arten sich mit derjenigen ihrer Familie deckt. Sie sind deshalb für die Bestimmung zoogeographischer Gebiete wenig brauchbar.

Da es aus räumlichen Gründen nicht angängig ist, alle die zahlreichen Familien nach ihrer Verbreitung zu betrachten, mögen eine Anzahl herausgegriffen werden, die bemerkenswerte Züge aufweisen.

Aus der Ordnung der Klettervögel sind die Spechte (Picidae) in allen Gebieten vorhanden, nur nicht in Notogäa. Zirkumtropisch, aber sehr zerrissen ist die Verbreitung der Zwergspechte (Picumninae), nämlich in Südamerika, den malaiischen Gegenden und Westafrika. — Die schöngefärbten Bienenfresser (Meropidae) und Racken (Coraciidae) gehören wesentlich den altweltlichen Tropen an. — Nageschnäbel (Trogonidae) sind neotropisch, indisch (auf den Sundainseln) und äthiopisch verbreitet; der Ausgangspunkt dieser prachtvollen Vögel mag nach den Fossilfunden vielleicht in Europa gelegen haben. — Die Eisvögel (Alcedinidae) sind kosmopolitisch, aber ganz überwiegend tropisch verbreitet und dies noch in sehr ungleicher und auffallender Weise. Die höchste Entwicklung an Formenreichtum und Artenzahl hat ihren Platz im papuanischen Gebiete, namentlich auf Neuguinea, während das sonst reiche neotropische nur eine Gattung mit etwa 10 Arten besitzt. — Auch die Papageien (Psittaci) sind, wenn auch zirkumtropisch, doch höchst ungleich verbreitet. Die tropische Arktogäa ist sehr arm, Neogäa viel reicher an Gattungen und Arten, während das räumlich kleinste und großenteils außertropische Reich, Notogäa, mehr als doppelt soviel daran besitzt als jene zusammen; außerdem besitzt es allein fünf von den sechs natürlichen Familien.

Unter den Passeres möchte die Aufmerksamkeit auf die Glanzdrosseln (Pittidae) wegen ihres eigentümlich sprunghaften Vorkommens zu lenken sein. Sie sind indisch, und zwar am zahlreichsten im malaiischen Teile sowie papuanisch; aber fernab davon haust eine einzelne Art im tropischen Westafrika. — Merkwürdigerweise haben die echten Raben (Corvinae), also Raben, Krähen und Dohlen, vor dem Überschreiten der Landenge von Panama Halt gemacht, trotz ihres sonstigen universellen Vorkommens, ihrer Flugfähigkeit und Anpassungsfähigkeit an die verschiedensten Verhältnisse.

Die Verbreitung der Tauben (Columbae) ähnelt der der Papageien insofern, als die wesentlich tropische Ordnung sehr arm im äthiopischen Gebiete, ansehnlich in Neogäa, äußerst reich aber in Notogäa vertreten ist, wo doppelt soviel Arten gefunden werden als in irgendeiner anderen Region, und eine Mannigfaltigkeit von Formen entwickelt ist, die sich nirgendwo wiederfindet. Überall aber ist die Artenmenge auf Inselgebieten wie den Maskarenen, Antillen und in Polynesien weit höher als auf den benachbarten Kontinenten; hierfür ist der Grund nicht schwer zu ermitteln. Abgesehen von der räumlichen Sonderung, die auf Inseln sehr wirksam für die Artbildung ist, mag das Fehlen von Affen in jenen Zentren günstige Bedingungen liefern, denn die offenen, in Baumkronen angebrachten Nester der Tauben sind sehr den Angriffen der Vierhänder und anderer Tiere ausgesetzt, die auf Eier und junge Vögel lüstern sind. Bestätigt wird jene Annahme noch dadurch, daß die höchste Entwicklung des Taubenlebens auf der Papua-Inselgruppe erreicht ist, wo Baumsäugetiere bis auf wenige Beutler ganz fehlen.

Die Pinguine oder Flossentaucher (Spheniscidae) sind gänzlich auf die antarktischen und südlichen gemäßigten Gegenden beschränkt; nur zwei Arten finden sich an den Küsten von Peru und auf den Galapagos. Die Verbreitung ist zirkumpolar an den südlichen Küsten von Australien, Neuseeland, Südamerika und Südafrika sowie auf den verstreuten subantarktischen Inseln. In diesen Gebieten dürfte auch die Entstehung dieser besonderen Unterklasse der Vögel erfolgt sein, denn fossile Reste davon hat man nur in Australien, Neuseeland und Patagonien gefunden.

Als Straußvögel (Struthiones) kennen wir verschiedene Familien mit wenigen Typen, die ebenfalls zurzeit hauptsächlich der Südhalbkugel angehören. Echte Strauße (Struthionidae) gibt es im äthiopischen Gebiete und dem angrenzenden holarktischen Wüstenstrich, im gemäßigten neotropischen Gebiete die Nandus (Rhea). Die Kasuare (Casuaridae) bewohnen das papuanische und — als Emus (Dromaeus) — das australische Gebiet. Die kleinen Kiwis (Apteryx) endlich sind auf Neuseeland beschränkt; hier haben sich auch subfossile Reste von riesigen Straußformen (Dinornis) gefunden, die an Größe dem afrikanischen Strauße weit überlegen waren und vielleicht noch das Auftreten des Menschen erlebt haben. Reste von ähnlichem Alter nebst dazugehörigen riesigen Eiern, aber einer anderen Familie der Straußvögel (Aepyornithidae) zuzurechnen, kommen auf Madagaskar vor.

Die jetzige Verbreitung der Struthiones ist eine wesentlich südhemisphärische, allein die Tertiärzeit sah heutige oder den heutigen verwandte Arten in Gebieten der Nordhalbkugel, wo sie nachher für immer verschwunden sind. So gibt es den afrikanischen Strauß im Pliozän der Krim und des nördlichen Indiens, an letzterer Stelle auch eine dreizehige Gattung, die wahrscheinlich mit den Kasuaren verwandt ist. In alttertiären Schichten Europas fand man Vorläufer von heutigen Formen (Gastornis), so daß ein nördlicher Ursprung möglich ist.

22. Kapitel. Die Verbreitung der Reptilien.

Während die beiden warmblütigen Wirbeltierklassen ihre Entstehung in demselben geologischen Zeitabschnitte, der Tertiärzeit, genommen haben und hauptsächlich darum die gleichen Hauptzüge geographischer Verbreitung besitzen, ist dies bei den Kriechtieren oder Reptilien anders. Weder lassen sich die Verbreitungsverhältnisse der ganzen Klasse zu dem bei jenen beobachteten Schema von Reichen und Gebieten in Beziehung bringen, noch ist es möglich, für sie selber eine einheitliche Behandlung zu wahren, denn die Unterklassen und selbst einige Ordnungen der Reptilien sind zu ganz verschiedenen Zeiten entstanden, und jede hat eigene Bahnen für ihre Ausbreitung eingeschlagen. So waren von den heutigen Formen die Panzerechsen oder Krokodile schon in früher Sekundärzeit — in der Trias und im Jura — in Mannigfaltigkeit der Formen vorhanden, während die Schuppenechsen oder Eidechsen erst in den obersten Juraschichten, die Schlangen gar erst im Tertiär erscheinen. Schildkröten kommen auch vom Jura an vor, Landschildkröten aber erst in der Tertiärzeit. Demnach müssen die einzelnen Abteilungen gesondert besprochen werden.

Schildkröten (Chelonia). — Aus der gegenwärtigen wie früheren Verbreitung der Schildkröten lassen sich nicht in befriedigendem Maße allgemeine Schlüsse ziehen, weil alle ihre Hauptordnungen einstmals gleichzeitig in denselben Gegenden, z. B. in Europa, vorkamen. Die Seeschildkröten (Cheloniidae) sind Bewohner aller wärmeren Meeresteile, aber auch die Landschildkröten (Testudinidae) gehören allen Erdteilen mit Ausnahme Australiens an. Alligatorschildkröten (Chelydridae) sind jetzt rein neogäisch, kamen aber einstmals in Europa vor. Die Pelomedusidae und die echten Süßwasserschildkröten (Chelydidae), die in mesozoischen Zeiten in Europa, Indien und Nordamerika häufig waren, kommen jetzt nur auf den Süderdteilen vor, und zwar erstere in Afrika, Madagaskar und Südamerika, letztere in Südamerika und Australien. Während Weichschildkröten (Trionychidae) seit der Kreidezeit in Nordamerika heimisch sind, haben sie sich nach dem Tertiär von Europa zurückgezogen; nur Afrika und Asien besitzen noch weiter solche Tiere.

Am reichsten an Schildkröten ist Amerika; denn die Nord- und Südhälfte besitzt, als eins gerechnet, Vertreter aller Familien außer den Pelomedusidae und Chelydidae, welche aber auch nur ausgestorben sind. Drei Familien (Dermatemydidae, Cinosternidae, Chelydridae) sind jetzt auf Nord- und Mittelamerika beschränkt. Am ärmsten ist Australien bedacht: es hat nur Süßwasserschildkröten, doch ist dabei von Europa mit seinen paar Schildkrötenarten ganz abgesehen. Der große Erdteil Asien hat nur Trionychidae und Testudinidae, Afrika außerdem noch Chelydidae.

Krokodile (Crocodilia). — Die heutige geographische Verbreitung der Krokodile ist einfach genug darzustellen, würde aber sehr eigentümliche Züge bieten, wenn wir nicht wüßten, daß in Europa noch während des Tertiärs Alligatoren, Krokodile und langschnauzige Gaviale gelebt haben. Jetzt ist Alligator sinensis in den südchinesischen Flüssen das einzige Überbleibsel der einst über die Nordhalbkugel verbreiteten Gattung in der Alten Welt. Im übrigen gibt es die Schnabelkrokodile (Gavialidae) in Südostasien, echte Krokodile (Crocodilidae) in den altweltlichen Tropen und sparsam in den neuweltlichen, Alligatoren und Kaimans mit jener einen Ausnahme nur in Neogäa.

Eidechsen (Lacertilia). — Die nebst den Schlangen zur Unterklasse der Saurier gehörenden Eidechsen weisen einige beachtenswerte Züge der Verbreitung auf. Kosmopoliten, wenn man von den kühleren Erdstrichen absieht, sind die Plattfinger (Geckonidae); sie zählen sogar auf Neuseeland, Polynesien und dem Hawai-Archipel zu den häufigsten Reptilien. Für diese Tatsachen darf allerdings die zufällige Verschleppung mit verantwortlich gemacht werden, wie Erfahrungen beweisen. — Von ähnlich hohem Alter wie die Geckos, sind die Skinke (Scincidae) fast ebensoweit verbreitet; manche Gattungen besetzen die meisten wärmeren Länder. — Auf die Alte Welt beschränkt sind die vielgestaltigen Agamen (Agamidae), Waraneidechsen (Varanidae), gewöhnlichen Eidechsen (Lacertidae) und Chamäleons (Chamaeleontidae),

Die beiden ersten Familien haben die weiteste Verbreitung, fehlen aber bezeichnenderweise auf Madagaskar und Neuseeland. Das madagassische Gebiet vermeiden neben Notogäa auch die sonst die Alte Welt besetzenden Lazertiden. Dagegen sind die Chamäleons eine vorwiegend afrikanische, und zwar hauptsächlich madagassische Familie, die dies Zentrum sonst nur in Südindien wesentlich überschreitet.

Die großen Leguane (Iguanidae) gehören fast nur Amerika an, doch finden sich merkwürdigerweise einige Gattungen in Madagaskar, auf den Fidschi- und Tongainseln. Ein echter Leguan ist aber in den eozänen Schichten von Frankreich und England aufgefunden worden. — Blindschleichen (Anguidae) kommen in Amerika, Europa, Nordafrika und Hinterindien, ihre altertümlicheren Verwandten, die Gürtelechsen (Zonuridae), in Afrika und Madagaskar vor.

Aus den vorstehenden Tatsachen ergibt sich, daß beispielsweise Madagaskar der Agamidae, Varanidae, Lacertidae und Anguidae entbehrt, also außer den kosmopolitischen Skinken und Geckos nur Chamaeleontidae, Zonuridae, einige Leguane und die speziell afrikanischen Gerrhosauridae besitzt; diese Züge drücken eine enge äthiopische Beziehung der Eidechsenfauna jener großen Insel aus.

Australien hat außer jenen Kosmopoliten nur Agamen und Waraneidechsen, also weder mit Madagaskar noch mit Amerika bezeichnende Eigenschaften gemein.

Schlangen (Ophidia). — Die älteren Familien der fußlosen Schuppenechsen oder Schlangen, diejenigen nämlich, welche noch Spuren von Hinterfüßen oder von einem Becken besitzen — Blindschlangen (Typhlopidae) und Riesenschlangen (Boidae) — sind zirkumtropisch. Von den übrigen bekannteren Familien finden sich die Rollschlangen (Ilysiidae) im indischen und neotropischen Gebiete, ihre Verwandten, die Schildschwänze (Uropeltidae), aber nur in Indien und Ceylon.

Kosmopoliten sind die Nattern (Colubridae) und selbst einige ihrer Unterfamilien. Von den Giftschlangen haben die Grubenottern (Crotalidae), wozu die Klapperschlange gehört, der Verbreitung nach zu schließen, ihren Ursprung im Norden der Alten Welt genommen, dann sich über Amerika verbreitet, aber Afrika und Australien nicht erreicht. Andererseits sind die Vipern (Viperidae) ganz auf die Alte Welt, Australien ausgenommen, beschränkt.

Abgesehen von dem schlangenlosen Neuseeland ist Madagaskar das einzige größere Landgebiet, das sich der gänzlichen Abwesenheit von Giftschlangen erfreut, während das indische Gebiet besonders zahlreiche Arten aus den drei giftigen Familien der Kobras (Elapidae), Grubenottern und Vipern beherbergt.

23. Kapitel. Die Verbreitung der Amphibien.

Im Gegensatze zu den Kriechtieren läßt sich die Verbreitung der Lurche einheitlich betrachten, und zwar zeigt sie in manchen Fällen Anklänge an die der Säugetiere und Vögel. Auf die Verbreitung wirken namentlich folgende Bedingungen ein. Bei der großen Empfindlichkeit der Amphibienhaut gegen Kochsalzlösungen bilden Meere, Salzseen und Salzwüsten ein wirksames Hindernis für die aktive Ausbreitung; auch ausgesprochener Kalkboden pflegt gemieden zu werden. Ebenso hat die Kälte großen Einfluß, insofern eine mittlere Jahrestemperatur von 0° C. das Amphibienleben ausschließt. Dagegen wohnt Bergketten weit weniger abschließende Wirkung inne, ja sie können bei nord-südlichem Verlaufe wie in Amerika zu faunistischem Ausgleiche beitragen.

Eine faunistische Einteilung der Erde nach den Amphibien fordert folgende Gebiete:

1. Australien. Ausgezeichnet durch das Fehlen der

Blindwühlen (Apoda) und der Schwanzlurche. Alle Froschlurche gehören zur Abteilung der Schiebbrustfrösche (Arcifera) mit Ausnahme eines echten Frosches (Rana daemeli) auf der Kap-York-Halbinsel. Diese Tatsache stellt ein Übergreifen des papuanischen Faunengebietes dar, das hinsichtlich der Lurche von Australien zu trennen ist. Am besten vertreten sind Frösche aus der Familie Cystignathidae und Laubfrösche (Hylidae); ferner sind einige Gattungen von Kröten eigentümlich.

Polynesien ist äußerst arm an Lurchen. Nur die Fidschiinseln bewohnt noch ein Frosch (Cornufer) von indisch-papuanischer Zugehörigkeit, und Neuseeland hat die Gattung Liopelma aus den Cystignathiden.

2. Westindien, Mittel- und Südamerika, dem neotropischen Gebiete entsprechend, ist gekennzeichnet durch die Blindwühlen (Apoda), fußlose, wurmähnliche, fast augenlose Tiere mit geringelter Haut und unterirdischer Lebensweise, ferner durch die eine Familie der zungenlosen Amphibien (Aglossa), welche die wunderliche surinamische Wabenkröte (Pipa) umfaßt. Die schon genannten Cystignathidae, Laubfrösche, Kröten und „Ameisenfrösche" (Engystomatinae) sind zahlreich. Eigentümlich sind die zahnlosen Baumfrösche (Dendrobatinae), während folgende Gruppen fehlen: Scheibenzüngler (Discoglossidae), Krötenfrösche (Pelobatidae) und Buntfrösche (Dyscophinae). Die nördlichen Schwanzlurche betreten auf den Anden dies Gebiet, das weitaus das reichste Amphibienleben besitzt.

3. Nördliches gemäßigtes Gebiet. Die Cystignathidae und die Blindwühlen fehlen, dafür sind die Schwanzlurche oder Molche sehr charakteristisch. In Europa und Westasien wiegen die Salamander, in Ostasien und Nordamerika die Aalmolche (Amphiumidae) und Axolotl (Amblystomatinae) vor. Hier haben die Scheibenzüngler

(Discoglossidae) ihren Verbreitungsherd, von dem weit versprengt die Gattung Barbourula auf den Philippinen haust.

4. Paläotropisches Gebiet. Das tropische Afrika, Madagaskar, Indien und der indoaustralische Archipel. Hier finden sich wieder Blindwühlen, und in großer Überlegenheit die andere große Abteilung, welche den Arcifera gegenübersteht, die Firmisternia, bestehend aus echten Fröschen, Ameisen- und Baumfröschen. Ihre Anzahl beträgt allein 90 % der ganzen Lurchfauna. Mit verschwindenden Ausnahmen fehlen die Schwanzlurche, Cystignathidae und Laubfrösche (Hylidae).

Beachtenswert ist namentlich die Zusammensetzung der Lurchfauna Madagaskars. Sie enthält nur „Starrbrustfrösche" (Firmisternia), und zwar eine Mischung afrikanischer und indischer Formen, wobei jedoch die letzteren den Vorrang behaupten. Im Gegensatze zu Afrika fehlen nämlich Blindwühlen, Zungenlose und Kröten, und fast alle echten Frösche sind aus nichtafrikanischen Gattungen. Mit den indomalaiischen Gebieten teilt es den Besitz von Ameisenfröschen und den sogenannten Flugfröschen (Rhacophorus). Dagegen sind Afrika und Indien die Blindwühlen und Kröten gemeinsam, während Indien und weiterhin die malaiische Inselwelt bis Melanesien wieder Krötenfrösche (Pelobatidae) voraushaben.

Es sei noch die Verteilung der wichtigsten Familien und Unterfamilien über die vorstehend gekennzeichneten Gebiete in Kürze vorgeführt. Die Schwanzlurche (Urodela) gehören der Nordhemisphäre an, betreten aber die andere Erdhälfte in Südamerika und Indien. Blindwühlen (Apoda) gibt es an letzteren Stellen und in Afrika. Von den Zungenlosen (Aglossa) wohnt die Familie der Wabenkröten (Pipidae) in einem kleinen Teile des neotropischen Gebietes, nämlich in Surinam, die andere der Ruderkröten (Xenopodidae) im äthiopischen Gebiete. Sehr unterbrochene Verbreitung haben die Scheibenzüngler (Discoglossidae) im Norden der Alten Welt und auf Neuseeland inne. Die Krötenfrösche (Pelobatidae) sind nordhemisphärisch und ndopapuanisch verbreitet. Kröten (Bufonidae) fehlen nur auf Madagaskar und Neuseeland. Laubfrösche (Hylidae) bewohnen die Nordhalbkugel, das australische und neotropische Gebiet. Die Cystignathidae sind südamerikanisch und australisch. Ameisenfrösche (Engystomatinae) sind in Nordamerika und auf der ganzen Südhalbkugel mit Ausnahme Australiens und Neuseelands vorhanden, Buntfrösche (Dyscophinae) in Madagaskar und Indien, Baumfrösche (Dendrobatinae) ebenfalls in Madagaskar und in Südamerika. Die echten Frösche (Raninae) endlich fehlen nur in Australien und Neuseeland.

24. Kapitel. **Die Verbreitung der Süßwasserfische.**

Für die tiergeographische Betrachtung müssen die Süßwasserfische von den Meeresfischen getrennt werden, doch gibt es viele Tatsachen, die es erschweren, eine Grenzlinie zwischen diesen beiden Gruppen zu ziehen. Es gibt nicht nur Arten, die sich allmählich einem Aufenthalte im Salz- wie im Süßwasser anbequemen können, sondern auch solche, die gegen einen plötzlichen Wechsel aus dem einen in das andere vollkommen gleichgültig zu sein scheinen, so daß Individuen ein und derselben Art von Stichlingen, Kaulköpfen, Stinten, Heringen, Seenadeln u. a. m. in einiger Entfernung von der Küste im Meere gefunden werden können, während andere in Flüssen oder selbst reinen Binnengewässern leben.

Ferner liefert beinahe jeder ins Meer mündende Strom Beispiele von echten Meeresfischen, z. B. Umbern, Schollen, Heringen, Haien, die Hunderte von Meilen weit in ihm hinaufsteigen; andererseits finden wir, daß Fische aus Süßwassergattungen die Flüsse hinabsteigen und sich für eine mehr oder weniger bestimmte Zeit im Meere aufhalten, wenngleich die Zahl solcher Arten, z. B. Lachse und Felchen, weit geringer ist als die der ersteren.

Auch durch geologische Veränderungen kann der Salzgehalt eines Gewässers allmählich aber stark verändert, ein Meeresteil zum abgeschlossenen Süßwasserbecken werden oder ein See zum Meere durchbrechen, wobei die Fische sich den Verhältnissen anbequemen.

Trotz dieser vielfachen Übergänge gibt es viele systematische Abteilungen der Fische, die ausschließlich oder mit nur wenigen Ausnahmen Bewohner des Meeres oder des Süßwassers sind und auch offenbar während der ganzen Periode ihres Daseins waren. Wir werden nur die gut erforschte Verbreitung der Süßwasserfische betrachten, weil diejenige der benthalen und pelagialen noch keine wissenschaftliche Durcharbeitung erfahren hat.

Es steht fest, daß keine Art oder Gattung von Süßwasserfischen auch nur annähernd einen so ungeheueren Verbreitungsbezirk innehat wie die entsprechenden Abteilungen der marinen Formen, und daß mit Ausnahme der Welsähnlichen (Siluroidae) keine Süßwasserfamilie so weit verbreitet ist wie die Familien der Meeresfische.

Von gleichen Gattungen in entfernten Gebieten können genannt werden: die Gattung Hundsfisch (Umbra) besteht nur aus zwei sehr nahe verwandten Arten, deren eine in den atlantischen Staaten der Union, die andere im Flußsysteme der Donau vorkommt. Die Knochenwelse (Amiurus) und die Cyprinidengattung Catostomus, beide in Nordamerika wohl vertreten, kommen in einer einzigen Art im gemäßigten China vor. Galaxias ist in Südaustralien, Neuseeland und den südlichsten Teilen Südamerikas vertreten.

Verteilung einer Familie auf verschiedene Kontinente zeigen die Kletterfische (Labyrinthici) mit 5 afrikanischen und

25 indischen Arten, die Chromidae (die Petri Fischzug im See Genezareth so erfolgreich machten) mit 25 afrikanischen und 80 südamerikanischen Arten, die Haplochitonidae mit einer Spezies in Südaustralien, einer in Neuseeland und einer in Patagonien.

Die Verbreitung unserer Fische verläuft wesentlich in Zirkumpolarzonen, nur in beschränktem Maße von Norden nach Süden. Keine Familie, viel weniger eine Gattung reicht von Norden bis nach Süden, während eine Anzahl von Familien und Gattungen den ganzen Kreis und einige Arten mehr als den halben Kreis rund um die Erdkugel innerhalb ihrer Zone beschreiben. Temperatur und Klima sind tatsächlich die Hauptfaktoren, durch die der Charakter der Süßwasserfauna bestimmt wird, viel mehr als durch Gebirgsketten, Wüsten oder Ozeane. Daher ist der Tropengürtel eine unüberschreitbare Schranke für die nördlichen Süßwasserfische in ihrem Fortschreiten gegen Süden. Wo ein ähnliches, gemäßigtes Klima auf der südlichen Halbkugel herrscht, werden jene durch stellvertretende, aber der Abstammung und dem Baue nach verschiedene Formen ersetzt.

Die Verbreitung der Süßwasserfische gliedert sich der folgenden Einteilung entsprechend:

I. Äquatorialzone.

Mit der Beschreibung dieser Zone wird begonnen, weil von ihr aus die beiden Hauptfamilien der Süßwasserfische, die Welse und Weißfische (Siluridae und Cyprinidae) sich ausgebreitet zu haben scheinen. Im allgemeinen fallen die Grenzen mit den Wendekreisen zusammen, doch erstrecken sich ihre Charakterformen in Wellenlinien mehrere Grade nord- und südwärts.

Ihr tiergeographisches Gepräge erhält sie durch die hohe

Entwicklung der welsähnlichen Fische (Siluroidae). Man kann sie in zwei scharf gesonderte Hälften teilen, nämlich in eine Karpfenabteilung, in der karpfenähnliche oder Weißfische (Cyprinidae) und Labyrinthfische (Labyrinthici) vorkommen, und in eine karpfenlose Abteilung, in der diese fehlen. In die Karpfenabteilung fallen folgende Gebiete:

1. Indisches Gebiet. Nicht vorhanden sind Lurchfische (Dipnoi). Hier haben die Cyprinidae und besonders die echten Karpfen (Cyprininae) ihren Verbreitungsmittelpunkt, nach ihnen die Welse (Siluridae). Auch Steinpeitzger (Cobitidae) sind zahlreich.

2. Afrikanisches Gebiet. Weniger formenreich als das vorige besitzt es jedoch Lurchfische (Dipnoi) in einer Art sowie Knochenhechte (Polypteridae), Nilhechte (Mormyridae) und den „fliegenden" Schmetterlingsfisch (Pantodon). Mit dem nächsten Gebiete gemeinsam sind die zahlreich vorhandenen Chromidae und Salmler (Characinidae). Steinpeitzger fehlen.

Zur karpfenlosen Abteilung gehören folgende:

3. Tropisch-amerikanisches Gebiet. Es sind Lurchfische und elektrische Aale (Gymnotidae) vorhanden; die Characinidae und Chromidae treten an Stelle der Karpfen. Durch Artenzahl treten die Zahnkarpfen (Cyprinodontidae) hervor. Von den zwei Arten Knochenzüngler (Osteoglossidae) ist der riesenhafte Pirarukú (Arapaima gigas) aus dem Amazonas, der über vier Zentner schwer wird, besonders zu nennen.

4. Tropisch-pazifisches Gebiet, den indoaustralischen Archipel, östlich von Celebes, Australien und Polynesien umfassend. Es ist das ärmste von allen in die Äquatorialzone fallenden sowohl nach Zahl der Arten, wie der eigentlichen Formen. Die Siluridae sind selten, die Cyprinidae fehlen, wie schon vorausgeschickt. Knapp vertreten

sind die Knochenzüngler, die Lurchfische in Ceratodus. Alle übrigen Formen sind aus dem Meere vom indischen Gebiete her eingewandert.

II. Nördliche Zone.

Die Grenze fällt mit der nördlichen Grenze der Tropenzone zusammen; andererseits reicht die nördliche Zone mit derselben Fischfauna, allerdings in ganz verschwindender Artenzahl, so weit nach dem Pole zu, wie es das Klima zuläßt. Die ichthyologischen Charakterzüge prägen sich im Besitz von Knorpelganoiden oder Stören (Acipenseridae), Lachsen (Salmonidae) und Hechten (Esocidae) aus. Mit den Salmoniden zusammen überwiegen die Cypriniden an Zahl über die anderen, während die Siluriden gering an Zahl und Mannigfaltigkeit sind. Rundmäuler oder Bricken (Cyclostomatidae) gibt es nur hier und in der südlichen Zone.

1. Europäisch-asiatisches Gebiet. Nur Knorpelganoiden oder Störe kommen vor. Steinpeitzger und Barben (Barbus) sind zahlreich. Meeresrelikten haben wir im Kaulkopf (Cottus gobio) und der Aalquappe (Lota vulgaris), unserm einzigen Schellfisch des Süßwassers.

2. Nordamerikanisches Gebiet. Hauptzüge und Verbreitung der Fischfauna sind dieselben wie in der vorhergehenden Region, nur sind außer den echten Stören die Knochenganoiden Lepidosteus und Amia vorhanden; Steinpeitzger und Barben fehlen. Eine den echten Karpfen gegenüberstehende Unterfamilie der Cypriniden, die Sauger (Catostominae), ist sehr artenreich entwickelt, und einige sehr merkwürdige Formen, Typen besonderer Familien, vervollständigen die Zahl der nordamerikanischen eingeborenen Fische; zu nennen wäre besonders der berühmte blinde Höhlenfisch Amblyopsis aus der Mammuthöhle in Kentucky.

III. Südliche Zone.

Sie umfaßt Tasmanien mit einem Teile Südaustraliens, Neuseeland und die Aucklandinseln, Südamerika südlich der Äquatorialzone, Feuerland und die Falklandinseln. Diese Zone ist sowohl in bezug auf ihre Ausdehnung als auch hinsichtlich der Artenzahl die kleinste von allen dreien, jedoch wohl gekennzeichnet. Einmal fehlen alle Cypriniden und die Siluriden sind sehr ärmlich, andererseits sind zwei eigentümliche Familien vorhanden, deren jede einem nördlichen Typus stellvertretend entspricht, nämlich die Haplochitonidae, welche die Lachse ersetzen, und die Hechtlinge (Galaxiidae), welche die Hechte der Südhalbkugel vorstellen. Höchst merkwürdig ist aber das Vorkommen eines echten Lachsfisches, Retropinna, auf Neuseeland, der mit dem nördlichen Stint (Osmerus) verwandt ist. Daß dieser kleine Knochenfisch der nördlichen Halbkugel, wenn auch in einer abgeänderten Gattung, in Neuseeland wieder auftaucht ohne sich über andere Teile der südlichen Zone ausgebreitet zu haben, ist eine der auffallendsten und bis jetzt unerklärlichen Tatsachen der geographischen Verbreitung der Süßwasserfische.

Die drei zur südlichen Zone gehörenden Landgebiete sind in ihrer Fischfauna so wenig verschieden, daß sie nicht zu Abteilungen erhoben werden können.

25. Kapitel. **Die Verbreitung der Insekten.**

Es muß von vornherein bekannt werden, daß eine zusammenfassende wissenschaftliche Bearbeitung des Beobachtungsmaterials über die Klasse der Kerbtiere weder versucht worden ist, noch vorläufig möglich sein dürfte. Zwar liegen eine große Menge von Verbreitungstatsachen über fast alle Insektenordnungen vor, allein diese betreffen vorzugsweise solche Gruppen, die wegen ihrer Größe, Farbenschönheit oder barocken Form von den Sammlern begehrt und deshalb an allerlei bewohnten oder besuchten Stellen der Erde vorzugsweise gesammelt worden sind, also die Tagschmetterlinge, Lauf-, Pracht-, Blatthorn- und Bockkäfer, manche Heuschrecken- und Libellengruppen.

Weiterreichende Arbeiten sind nur über einzelne Faunengebiete, wie Afrika oder das indo-papuanische Gebiet und auch diese nur unter Berücksichtigung einer oder der anderen Ordnung vorhanden, ebensowenig ist die Verbreitung auch nur einer Ordnung in einer den heutigen wissenschaftlichen Anforderungen genügenden Weise bisher dargestellt worden. Was aber die Gesamtverbreitung einzelner Gruppen belangt, so haben die systematischen Vorarbeiten noch nicht hingereicht, um selbst für die Tagfalter, deren Vorkommen unter allen Kerbtieren am besten bekannt ist, eine Darstellung zu fördern, die den Ansprüchen der heutigen Tiergeographie genügt. Diese Forderung ist bisher nur für einzelne Familien wie die Dungkäfer (Lamellicornia coprophaga) und Sandlaufkäfer (Cicindelidae) ausreichend erfüllt worden.

Ferner sind wir erst unvollkommen davon unterrichtet, wie sich die Verbreitung der Insektenfamilien in der Vorwelt verhielt. Zwar sind von der Steinkohlenzeit an eine Menge fossiler Kerbtiere erhalten geblieben, allein die meisten gehören zu Ordnungen, die erst Vorläufer der heutigen sind und gleichmäßig über die ganze Erde verbreitet gewesen waren, so daß zu der Zeit von einer zoogeographischen Sonderung noch gar nicht die Rede sein kann. Erst mit dem Ende des mesozoischen Bildungsabschnitts breitet sich die klimatische Eigenart von Erdstrichen vor, die zur Verschiedenheit von Lebensbedingungen und damit zu anpassungsweise erreichter Verschiedenheit der Verbreitung führte. Die Tertiärfauna endlich zeigt ein Gesamtbild, das im großen und ganzen der heutigen Insektenwelt entspricht, jedoch erlaubte ein mildes Klima in höheren Breiten das Vorkommen wärmeliebender Ordnungen wie Termiten, Stabheuschrecken, Gottesanbeterinnen und Ameisen auch in Mittel- und Nordeuropa, wie sie jetzt nur in den Subtropen und Tropen leben. Aber die systematische Durcharbeitung der Fossilfunde aus dieser Zeit ist noch so weit zurück, daß sich über die Verbreitung der Gattungen, geschweige der Arten, sehr wenig sagen läßt. Aus der Chorologie der Tertiärinsekten kann man also zunächst keine Rückschlüsse ziehen, wie die Ausbreitung der heutigen Formen über die Erde vor sich gegangen ist. Nur das steht einigermaßen fest, daß Europa und Nordamerika damals ein und dieselbe Kerbtierwelt hatten, während jetzt das Faunenbild sehr abweichende Züge aufweist. Die erwähnten Mängel bedingen für den Rahmen unserer Zusammenfassung den Verzicht, die Insektenverbreitung in ähnlicher Weise zu besprechen, wie es mit anderen Tierklassen geschehen ist.

26. Kapitel. **Die Verbreitung der Landschnecken, Regenwürmer und Strudelwürmer.**

Drei Gruppen wirbelloser Landbewohner kann man vom tiergeographischen Standpunkt aus gemeinsam betrachten, weil für ihre Verbreitung ganz ähnliche Lebensbedingungen bestimmend sind, daher auch ähnliche Ergebnisse zeitigen. Die lungenatmenden Landschnecken gehören zum großen Stamme der Weichtiere oder Mollusken, die beiden anderen Gruppen zu den Würmern, nämlich die Regenwürmer und die Strudelwürmer, soweit sie das Land bewohnen. Gemeinsam ist ihnen der Mangel von Gliedmaßen, wodurch ihre Bewegung kriechend, und zwar sehr langsam, ist. Ferner haben sie eine nackte, weiche und lockere Haut, die immerzu Schleim absondert; damit diese empfindliche Körperbedeckung nicht austrocknet, suchen die meisten Angehörigen der drei

Klassen ihren Aufenthalt in feuchter, dampfreicher Luft. Am widerstandsfähigsten sind noch die Schnecken, da sie gewöhnlich ein Kalkgehäuse besitzen, in das sie sich nötigenfalls zurückziehen, nicht nur um vor Angreifern, sondern auch vor dem Vertrocknen geschützt zu sein. Während die Regenwürmer durch ihr meist unterirdisches Leben den Gefahren der Trockenheit entgehen, sind die Strudelwürmer vom Wassergehalt ihrer Umgebung sehr abhängig.

1. Die Landschnecken, wozu nach bekanntem Grundsatze auch die Süßwasserbewohner gehören, haben ungeachtet ihrer langsamen Bewegungsart Mittel zur Raumbewältigung, die nicht zu unterschätzen sind. Dies beruht auf ihrer Fähigkeit, in ihrem dichtschließenden Gehäuse das Versetzen in unnatürliche Lebensbedingungen längere Zeit zu überstehen. Dennoch äußert sich das Maß der Raumbesetzung bei ihnen äußerst verschieden. Manche Arten und sehr viele Gattungen sind über sehr weite Strecken, einzelne sogar fast über die ganze Erdoberfläche verbreitet; so die Wegschnecken (Limax), Nabelschnecken (Patula), Schnirkelschnecken (Helix), Moosschrauben (Pupa) und Bernsteinschnecken (Succinea); ähnliche Beispiele bieten übrigens auch die Süßwasserschnecken und -muscheln. Andere sind dagegen auf kleine Inselgruppen und selbst einzelne Inseln beschränkt, ja wir kennen Arten genug, namentlich unter den luftatmenden Deckelschnecken, aber auch unter den Lungenschnecken, die nur an einem Berge, ja oft nur an einem einzigen Felsen vorkommen. Im allgemeinen schließt der fluviale Lebensbezirk weitere Verbreitungsbezirke in sich ein als der kontinentale; die kleinsten dagegen finden wir bei den felsenbewohnenden Landschnecken, z. B. in Campylaea unter den Schnirkelschnecken, in den Schließmundschnecken (Clausilia), und bei den landbewohnenden Deckelschnecken. Aber allgemeine Gültigkeit hat dieses Gesetz doch wieder nicht, denn in den Tropen sind Arten und auch

Gattungen des Süßwassers auf ganz kleine Gebiete beschränkt, und von den Schließmundschnecken sind die meisten deutschen Arten sowie die Clausilia bidens der Mittelmeerländer, von den Deckelschnecken z. B. die Gattungen Cyclophorus und Cyclotus über sehr weite Räume verbreitet.

Auch Wanderungen sind sehr in Rechnung zu stellen, wenn auch nur für einzelne Arten, nicht für ganze Faunen, und mit dem Zugeständnis ungemessener Zeiträume dafür. Wie wäre sonst die gleichmäßige Verbreitung mancher Arten über den ganzen Norden der Alten Welt zu erklären? Außerdem sehen wir diese und jene Schnecke der Heimat, z. B. Helix obvia, erst in den letzten Jahrzehnten ihr Gebiet freiwillig ausdehnen. Viel größere Raumbewältigung gelingt aber den Weichtieren unter Benutzung des neuerdings so gesteigerten menschlichen Verkehrs, durch Verschleppung, die für ungewöhnliche Vorkommnisse nie außer Betracht bleiben darf.

Von den mitteleuropäischen Nacktschnecken sind die unseren Saaten so schädliche Ackerschnecke (Agriolimax agrestis) und die Kellerschnecke (Limax variegatus) nach allen Kulturländern verschleppt worden; eine mittelgroße Schnirkelschnecke Ostasiens (Eulotella similaris) ist mit lebenden Pflanzen und Reissäcken über die ganzen Tropen und Subtropen verbreitet worden, ja in Australien, Tasmanien und Neuseeland fanden bereits nicht weniger als 20 Arten, davon 19 aus Europa, eine neue ihnen zusagende Heimat. Bei uns dagegen hat die sehr häufige Einführung von lebenden Schnecken in kolonialen Nutzhölzern, in Ölfrüchten und Faserstoffen noch ebensowenig zur Einbürgerung geführt wie die von Vogelspinnen und großen tropischen Käfern.

Der Ausbreitung von Landschnecken sind mehrere natürliche Vorgänge förderlich. Da bei ihrer Neigung zum Feuchten viele Arten nahe beim Wasser leben, führt jede Überschwemmung in dem Genist und den losgerissenen Pflanzen unzählige Schnecken und Muscheln in die Ferne, eine Versetzung, die auch Landbewohner im Schutz ihres Hauses gut überstehen. Solchermaßen erklärt sich die Verbreitung über ganz große Stromsysteme wie des Nil und Mississippi. Noch stärker ist die Wirkung in den Tropen, wo die geschwellten Fluten nicht nur Bäume, sondern auch große verfilzte Pflanzenmassen und sogar bewachsene Flecke Erde als schwimmende Inseln hinwegführen. Solche Flöße gelangen bis in die Strommündungen, ja über Meeresarme und ganze Küstensäume entlang befördern sie ihre vielerlei Insassen. Bimsstein und schwimmende Schlacken dienen ebenfalls als Fahrzeuge, für Wasserbewohner auch die Wat- und Schwimmvögel sowie größere Wasserinsekten, indem sie sich an deren Beinen und Körper festklammern oder durch Schlamm daran geheftet sind. Sogar Stürme und Wirbelwinde befördern winzige Bewohner von dürrem Laub über weite Strecken.

Weit tiefer greift jedoch, wenigstens für die Verbreitung der Gattungen, das geologische Alter. Es sind der Beispiele viele, wo heute lebende Meereskonchylien als Leitfossilien in uralten versteinerungsführenden Schichten vorkommen, doch auch Binnenmollusken gehen in denselben Gattungen, wie sie jetzt bestehen, ja fast als dieselben Arten in das paläozoische Zeitalter zurück. Da diese Formen in der Gegenwart eine weite Verbreitung haben, so bewährt sich auch unter den Weichtieren der tiergeographische Erfahrungssatz, daß die Besetzung großer Räume zunächst auf hohes geologisches Alter zurückzuführen ist. Erst wenn dafür kein Nachweis zu erbringen ist, darf man neuerdings vorgenommene Wanderungen oder gar Verschleppung voraussetzen.

Weil die heutige Landschneckenfauna die Wurzeln ihrer Formenbildung in so ferner Vergangenheit hat, konnte die Raumbesetzung durch diese Tiere unter ganz anderen Verhältnissen erfolgen, als sie jetzt bestehen; die Schnecken konnten sich über Landstrecken ausbreiten, die heute vom Meere oedeckt oder durch Hochgebirge zerteilt sind. Beispielsweise bnd die Mollusken auf den beiden Abhängen der Pyrenäen iss wenig geschieden, daß ihre Fauna bereits vor der Erhebung dieses Gebirges einheitlich vorhanden gewesen sein muß.

Auch in engen Grenzen kann sich die einstige Verteilung von Land und Wasser widerspiegeln. An unseren Flußmuscheln, besonders dem Unio batavus, kann der Kenner gewisse Formenreihen unterscheiden, die nicht in jedem Flußlaufe zusammen auftreten. An ihrem Vorkommen in Süddeutschland wollte man die ursprüngliche Vierteilung des heutigen Rheingebiets — schwarzer Rhein, Oberrhein, Neckar- und Maingebiet, Niederrhein — erkennen. Im Maingebiete wird jeder einigermaßen wichtige Nebenfluß von einer besonderen Rasse des Unio batavus bewohnt, die in allen Varietäten ihren Grundcharakter festhalten. Jedoch gilt jetzt die Meinung, daß es sich nur um den Einfluß örtlich etwas abweichender Lebensbedingungen handelt.

Derartige Tatsachen hindern daran, den heutigen physikalischen Grenzen von vornherein besondere Bedeutung für die Geographie der Landschnecken zuzuschreiben. Diese führt zu einer Einteilung der Erde, die sich auf den Kontinenten im ganzen und großen vielfach mit der Verbreitung der Säugetiere und Vögel deckt. Hat doch nicht einmal der ungeheuere Eingriff der Eiszeit wesentliche Verschiebungen in der Molluskenverbreitung der nördlichen Zone zutage gefördert; sie war dort keine trennende Kluft zwischen zwei verschiedenen Abschnitten der Erdgeschichte. Nur zurückgedrängt wurden die Binnenschnecken, aber sie hielten sich vielfach im unvereisten Zwischengebiete oder an günstigen Stellen in den Ostalpen, Karpathen und Gebirgen der Balkanhalbinsel. In der Nacheiszeit wurden die alten Sitze einfach wieder eingenommen. Wir können demgemäß ein holarktisches Gebiet abgrenzen, aber das mittelasiatische Hochland, Nordchina und Japan, bleiben ausgeschlossen; ebenso haben die atlantischen Inseln (Kanaren usw.) eine ganz eigene Fauna. Während die Besonderheit von Madagaskar nach den Verhältnissen bei anderen Tierstämmen nicht auffällt, ist die Selbständigkeit der kleinen Felseninsel Sokotra zwischen Afrika und Arabien etwas befremdlich. Auch die Sandwichinseln stehen mit ihrer zu wunderbarer Mannigfaltigkeit der Arten entwickelten Fauna von Achatinellen, einer Gattung von Helix mit spitzkegelförmigem Gehäuse, ganz selbständig da und mögen ein Rest aus uralter Vorzeit sein, ehe die polynesische Inselwelt untertauchte und ihre eigentümliche Tierwelt ganz verging. Das tiergeographisch so einheitliche Südamerika hat in der Verbreitung der Landschnecken ein treues Bild der mesozoischen Zeit bewahrt, in der es noch aus getrennten Landmassen bestand, denn es zerfällt in sechs Sondergebiete, unter denen Brasilien und Argentinien bis zur Magelhaensstraße die größten sind. Die Übereinstimmungen mit den Warmblütern gehen nach allem auf die gleiche Ursache, nämlich auf die Entstehung vieler heutiger Typen im älteren Tertiär, zurück und heben wiederum das geologische Alter als Verbreitungseinfluß hervor. Weit ungleichmäßiger wird aber die Einteilung dadurch, daß eben die Inseln und mehrfach auch kleinere Festlandgebiete, die man tiergeographisch nicht mit Unrecht als „Inseln im Festlande" bezeichnen kann, faunistisch vielfach ganz selbständig dastehen.

2. Die Regenwürmer, Erdwürmer oder Terrikolen gehören zu den Borstenwürmern (Oligochaeta), und zwar faßt man darunter diejenigen höheren Familien der letzteren zusammen, welche Landbewohner sind oder eine amphibische Lebensweise, bald im Süßwasser, bald in der Erde führen.

Auf die geographische Verbreitung der Regenwürmer wirken mehrere Umstände ihrer Lebensweise und Bewegungsfähigkeit ein. Im großen ganzen sind sie äußerst seßhafte Tiere, die geradezu an der Scholle kleben, doch vermögen gewisse Arten selbständig zu wandern. Von weit größerer Bedeutung für die Ausbreitung in neue Gebiete ist die passive Verschleppung durch Flöße aus verfilzten Pflanzenmassen der Tropen, die Mitnahme von Eierpäckchen an den Füßen von Wandervögeln, namentlich aber — und gegenwärtig in immer steigendem Umfange — die Verschleppung durch den Handelsverkehr des Menschen mit den Kulturpflanzen. Das hauptsächlichste Merkmal für Verschleppungsfälle bei Regenwürmern ist eine sehr weite und zumeist auch sprunghafte überseeische Verbreitung sowie das zerstreute Auftreten weit entfernt von dem Gebiete, das als Hauptquartier der betreffenden Gattung anzusehen ist. Immerhin ist die Zahl solcher „peregrinen" Arten eine verhältnismäßig geringe, der größere Teil der Regenwürmer zeigt eine sehr eingeschränkte Verbreitung als „endemische" Formen.

Das Meer, breite Wüstenstrecken und mit ewigem Eise bedeckte Gebirgsketten sind für die selbständige Ausbreitung der Terrikolen unüberwindliche Hindernisse, denn ihre nackte Haut verlangt einige Feuchtigkeit der obersten Erdschicht, und nur wenige Arten sind gegen Salzwasser unempfindlich oder geradezu Meeresbewohner. Jedoch lieben die Regenwürmer nur einen gewissen Grad von Wasserhaltung ihrer Wohnerde; Überschwemmung der Röhren etwa durch Sturzregen treibt sie geradezu in die Flucht, was oft ihr oberirdisches Erscheinen nach Gewittern erklärt. Durch das Klima an sich werden relative Ausbreitungsschranken bedingt, d. h. solche, die für verschiedene Formen verschiedene Bedeutung besitzen. Die klimatischen Verhältnisse haben namentlich bei der Ausbreitung infolge von Verschleppung Einfluß, denn diese ist nur dann erfolgreich, wenn sie die Tiere nach Gebieten bringt, deren klimatische Verhältnisse denen ihrer Heimat ähneln. Infolgedessen führt die Verschleppung zur Bildung zonaler Verbreitungsgebiete, die in annähernd symmetrischer Anordnung parallel dem Äquator verlaufen und auf beiden Halbkugeln annähernd in derselben Entfernung vom Gleicher ihre Nord- oder Südgrenze finden.

Die Regenwürmer beweisen ebenso wie die bisher tiergeographisch geschilderten Tierklassen, daß es unmöglich ist, die Erde in allgemeine Tiergebiete zu teilen, denn ihre Verbreitung ist in schwerwiegenden Beziehungen eine ganz für sich bestehende. Der faunistische Gegensatz zwischen Neuguinea und dem australischen Festlande ist in keiner anderen Klasse so ausgeprägt, auch Ceylons Terrikolen sind von denen des nahen indischen Festlands ganz verschieden, aber befremdenderweise den australischen beinahe gleich. Mittelamerika schließt sich wieder viel näher an die Antillen als an Südamerika an.

Es finden sich auch Landstriche, die wahrscheinlich jeglicher endemischen Formen entbehren. Dieses Fehlen kann ein ursprünglicher Zustand sein, nämlich in Gebieten, die niemals eine eigene Terrikolenfauna besaßen, oder es kann nachträglich entstanden sein, wo die endemische Fauna durch irgendwelche Umstände ausgerottet wurde. Die Gebiete ersterer Art zerfallen wiederum in zwei Gruppen: Gebiete von geringem geologischen Alter, die sich erst in jungen Perioden über die Meeresfläche erhoben und deshalb nicht die genügende Zeit zur Bildung einer endemischen Regenwurmfauna hatten, und solche, die dauernd durch beträchtliche Meeresstrecken von allen anderen Terrikolengebieten getrennt waren, die weit isolierten ozeanischen Inseln. Der nachträgliche Verlust der endemischen Fauna kann nachweislich durch den Kampf um Raum entstehen, den die Einschleppung verbreitungskräftiger peregriner Formen in Gebieten mit schwächerer Urbevölkerung entfacht; einen noch wichtigeren Anlaß geben gewisse ungünstige klimatische Verhältnisse der Gegenwart oder der jüngeren

Vorzeit. In Europa endigt das Vorkommen ortsbürtiger Regenwürmer auf sehr niedriger Breite, indem die Grenze von Paris über Urach, Wien, Jassy, Charkow zum südlichen Ural zieht. Was nördlich von dieser Linie lebt, ist eingewandert, und zwar jedenfalls nach der Eiszeit, denn die Eisströme haben nicht wie bei den Weichtieren ihr Leben nur auf engeren Raum zusammengedrängt, sondern es völlig ausgerottet. Ganz ähnlich verhält es sich in Nordamerika, wo die endemischen Terrikolen nicht weit über die Vereinigten Staaten hinausgehen, das heißt bis an die Südgrenze der einstigen Vereisung.

Bei aller gebotenen Kürze hebt die hiermit gelieferte Skizze über die geographische Verbreitung der Regenwürmer eindringlich hervor, daß diese Gruppe unscheinbarer und wenig beachteter Wesen ebenso interessante tiergeographische Verhältnisse darbietet wie die höheren Tiere und gleichfalls geeignet ist, auf die frühere Verteilung von Land, Wasser, Wärme und Luftfeuchtigkeit Licht zu werfen.

3. Nicht weit entfernt von den Regenwürmern stehen in der tierischen Reihenfolge die landbewohnenden Strudelwürmer (Planaria), und sie ähneln ihnen als Lebensformen in der Bodenständigkeit. Aber als oberirdische Tiere und in der ausgeprägten Abhängigkeit von der Luftfeuchte sind sie noch mehr den Landschnecken vergleichbar. In nördlichen Breiten, auch bei uns, halten sie sich gern in unmittelbarer Nähe des Wassers auf, wo sie an schlüpfrigen Steinen und Pflanzen herumkriechen; manche leben im Moos oder unter Steinen. In feuchtheißen Tropenländern kommen sie auch unter Bäumen vor. Bei der Ähnlichkeit der Wohnplätze und der Ausbreitungsmittel erinnert vieles in ihrer geographischen Verteilung an die Landschnecken, z. B. das streng auf gewisse Inseln beschränke Vorkommen von Gattungen, überhaupt die große Zahl inselbewohnender

Arten im Verhältnis zur Gesamtzahl der Arten. Ja, die Wirksamkeit der örtlichen Sonderung geht so weit, daß selbst nah benachbarte Inseln selten denselben Artenbesitz haben. Wenn dagegen einige Planarien über die halbe Welt verbreitet sind, so läßt sich dies, wie beim Kapitel der Verschleppung erwähnt, zu ihrer Fähigkeit in Beziehung bringen, durch ungeschlechtliche Vermehrung, nämlich durch mehrfache Teilung eines einzigen Tieres, für die Fortpflanzung zu sorgen.

Wie bei den Regenwürmern sind auch hier sprunghafte Faunenverwandtschaften vorhanden, z. B. zwischen Indien und Madagaskar sowie Indien und Japan. Die Familie der Bipaliiden, ausgezeichnet durch eine platte Verbreiterung des Kopfendes, mit zahlreichen Augen besetzt, und durch eine Kriechleiste, lebt nur in jenen drei Gebieten.

27. Kapitel. **Die Verbreitung der Meerestiere.**

(Karte 3.)

Der marine Lebensbezirk hat eine Bewohnerschaft von wesentlich anderer Zusammensetzung als der festländische. Von den Wirbeltieren haben es nur die Fische zu einer reicheren Artenentfaltung gebracht, aus den anderen Klassen sind nur die Wale echte Meeresbewohner, die Lurche fehlen ganz. Während unter den Wirbellosen die Tausendfüßer das Seewasser ganz meiden und aus der ungeheueren Formenmenge der Kerbtiere sich nur eine kleine Wanzenfamilie auf der See eingebürgert hat, überwiegen die marinen Krebse, Würmer, Moostierchen, Schwämme und Hohltiere ganz unvergleichlich über die landbewohnenden Verwandten. Außerdem sind ganze Tierstämme wie die Stachelhäuter und Manteltiere, von den übrigen ganze Abteilungen wie Tintenfische, Flossenschnecken (Pteropoda), Röhrenquallen (Siphonophora) und Korallen reine Meeresbewohner.

Die Lebensbedingungen sind im Meere viel einheitlicher als auf dem Lande. Für die allermeisten Seetiere ist das Wasser auf einmal Wohn-, Atmungs- und Ernährungsraum unter fast immer gleichen Zuständen. Schwankungen zwischen Feuchtigkeit und Trocknis fallen fort; der Bewegungswiderstand bietet keinen raschen Wechsel; das Wasser hat im ganzen Weltmeere die gleiche Zusammensetzung, insbesondere nach dem Salzgehalte; der Witterungswechsel ist nur an der Oberfläche spürbar. Dagegen ist die Durchschnittswärme bekanntlich nach den großen Klimazonen entweder gleichbleibend oder weiten Schwankungen unterworfen (siehe 7. Kapitel); dadurch wird das horizontale Vorkommen der stenothermen Meerestiere eingeschränkt. Für ihre senkrechte Verbreitung ist der starke Wärmeunterschied zwischen dem Oberwasser und der Tiefe in den Tropenmeeren wichtig, doch gibt diese Begrenzung des Wohnraums durch Naturverhältnisse kein allgemein brauchbares Hilfsmittel ab, um Verbreitungsgebiete für die systematischen Gruppen der Meerestiere aufzustellen, weil die meisten solcher Gruppen sowohl stenotherme wie eurytherme Formen enthalten. Bis vor kurzem hielt man z. B. die Röhrenquallen wegen ihres zarten Baues für streng gebunden an die wärmeren Meere, während man jetzt schon sieben Arten kennt, die im weitesten Sinne eurytherm sind, da sie sowohl im Eismeere wie im warmen Oberflächenwasser der Tropen und dann wieder bis zu 1000 m Tiefe leben; zwei davon kommen sogar von Pol zu Pol vor. Immerhin ist die Abhängigkeit von gleichmäßiger Wärme unter den Wirbellosen so ausgesprochen, daß in den anderen Klassen derartige Weltbürger zu den großen Ausnahmen gehören.

Das vorwaltende Gleichmaß der Lebensbedingungen wird durch die großen wagerechten Bewegungen des Meeres, die S t r ö m u n g e n, sehr verschoben. Kalte und warme Ströme führen die pelagischen und zumal die planktonischen Tiere in entlegene Zonen, sei es, daß sie stenothermen Formen den Aufenthalt in klimatisch anders gestimmten Meeren erst ermöglichen, sei es, daß sie eurytherme rein mechanisch aus Kaltwassergebieten in warme Meere verschleppen oder umgekehrt. Das Licht endlich ist wegen seiner raschen Abnahme nach der Tiefe zu (schon nach 400 m verschwindet es) von großer Bedeutung für die senkrechte Verbreitung, insofern die Abhängigkeit der assimilierenden Pflanzen vom Sonnenlicht auch das Vorkommen von pflanzenfressenden Tieren regelt.

I. Der Uferbezirk oder das Litoral hat als Wohnraum manche Eigenschaften vor den anderen marinen Lebensbezirken voraus. Zunächst folgt er im wesentlichen den Küsten der Kontinente und erstreckt sich räumlich nur über einen den Küsten unmittelbar anliegenden Streifen des Meeres; seine Breitenausdehnung wird meerwärts durch die Neigung bestimmt, mit der der Meeresgrund zur Tiefe abfällt, und zwar bildet die Wassertiefe, bis zu der das Tageslicht eindringen kann, die Grenze. Seiner natürlichen Beschaffenheit nach findet sich der litorale Lebensbezirk auch um jede ozeanische Insel oder Inselgruppe.

Sein enges Anschmiegen an das Festland läßt die mannigfaltigen Eigenschaften des letzteren auch auf das Litoral übergehen, insofern ein öfterer Wechsel des Mediums durch die Gezeiten, Brandung und Strömung bewirkt, wie auch der Salzgehalt des Meerwassers durch einmündende Flüsse örtlich stark verändert werden kann. Ebenso greifen die stärkeren Temperaturschwankungen über dem Lande auf die anstoßenden Teile des marinen Lebensbezirks über. Diese wechselvollen Eigenschaften des letzteren spiegeln sich auch in der mannigfaltigen Entwicklung der ihm angehörenden Lebewesen wider und lassen das Litoral als den Entwicklungs-

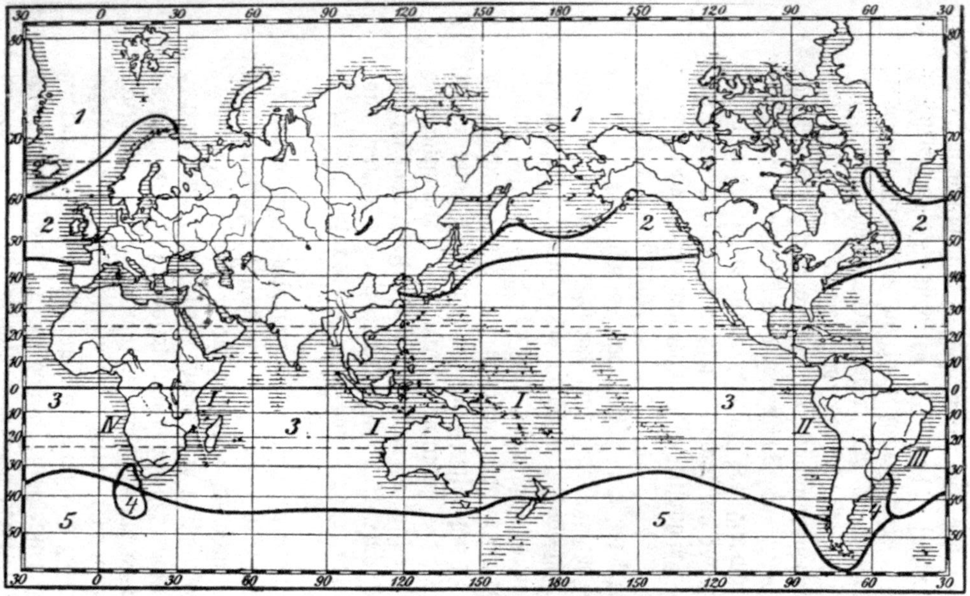

Karte 3. Die Tiergebiete des Meeres.

Untergebiete des Litorals	Untergebiete des Pelagials
I. Indopazifischer Uferbezirk.	1. Arktisch-zirkumpolares Gebiet.
II. Westamerikanischer „	2. Nördliches Übergangsgebiet.
III. Ostamerikanischer „	3 Zirkumtropisches Warmwassergebiet.
IV. Westafrikanischer „	4 Südliches Übergangsgebiet.
	5. Antarktisch-zirkumpolares Gebiet.

herd vieler Tierformen und selbst Tierstämme erscheinen. Hat man doch sogar mit guten Gründen den Ursprung der Landtiere in diese bewegte Berührungszone zwischen Festem und Flüssigem verlegt. Sie beherbergt namentlich Tierklassen, die den starken Bewegungen des Wassers und den Wärmeschwankungen anpassungsweise gewachsen sind. Daher wird das Litoral von Gruppen bevorzugt, die wenigstens als erwachsene Tiere festsitzen oder Haftwerkzeuge haben oder geschützte Plätze aufsuchen können: Schwämme, Polypen, Moostierchen, Muscheln und Kriechschnecken, Armfüßer, kurzschwänzige Krebse oder Krabben sind hier am meisten vertreten. Ihre Untergruppen haben sich nicht, wie so oft bei den Landtieren, in räumlicher Absonderung voneinander herausentwickelt, sondern ihre Ausbreitung war vorwiegend gemeinsam und gleichmäßig längs der Ränder der großen Ozeanbecken, eingeschränkt nur durch die Trennung in kalte und warme Wohngebiete. Daher findet sich an den afrikanischen Küsten des Indischen Ozeans dieselbe Tierwelt wie beiderseits Australiens und in der polynesischen Inselflur. Dagegen hat der Ostrand des Pazifik seine besondere Warmwasserfauna, ebenso die amerikanische und afrikanische Küste des atlantischen Weltmeeres. Hierdurch entstehen vier abgetrennte Gebiete des tropischen Litorals: das indopazifische, westamerikanische, ostamerikanische und westafrikanische Gebiet (Karte 3). Andererseits hat das Litoral der arktischen und antarktischen Kaltwassergebiete im ganzen eine Tierwelt von zirkumpolarer Verbreitung.

II. Der Tiefseebezirk oder das Abyssal weist in der Zusammensetzung seiner tierischen Bevölkerung keine einschneidenden Abweichungen von der Litoralfauna auf. Einige Familien oder höchstens Ordnungen wie die Glasschwämme (Hexactinellidae), Haarseesterne (Crinoidea) und Langschwanzfische (Macruridae) sind der Tiefsee eigen, sonst bietet die Fauna gegen die des Ufers mehr das Bild der Verarmung. Wo Gattungen und Arten von eigenem Bau vorkommen, lassen sie doch die nahe Verwandtschaft und selbst Abstammung von den Bewohnern der Lichtzone erkennen, nicht selten sind sogar Arten gemeinsam. Aus diesem gestaltlichen Zusammenhange mit der litoralen Tierwelt erklärt sich auch der enge Anschluß an deren Vorkommen. Im ganzen deckt sich nämlich die Verbreitung der Familien mit den Klimazonen der oberen Meeresschichten, obwohl diese sich in der Tiefe nicht mehr bemerkbar machen, wie auch die faunistische Verschiedenheit der Küstenabfälle am Atlantik und Pazifik sich wie dort verhält.

III. Der Freiwasserbezirk oder das Pelagial ist das Reich der Schwimmer, sei es, daß sie mit kräftigen Bewegungswerkzeugen ihre Eigenbewegung erzielen, sei es, daß ihre Verbreitung durch die Bewegung des Wassers bestimmt ist, von dem sie wesentlich getragen werden: erstere als Nekton, letztere als Plankton unterschieden. Zu den Pelagialtieren zählen: die Lappenquallen (Scyphomedusae), Röhrenquallen (Siphonophora), Rippenquallen (Ctenophora), Pfeilwürmer (Chaetognatha), Flossenschnecken (Pteropoda), Kielfüßer (Heteropoda), Salpen (Thaliacea); von den Krebsen besonders die Ruderfüßer (Copepoda), Spaltfüßer (Schizopoda) und Zehnfüßer (Decapoda); endlich zahlreiche Fische und die Wale. Von den zahlreichen Urtieren stellen die Strahlinge (Radiolaria) und Geißeltierchen (Flagellata) einen starken Zuschuß zum Pelagial; das Plankton setzt sich der Masse nach vorwiegend aus den Ruderfüßerkrebschen zusammen.

Früher hegte man die Annahme, daß die pelagische Fauna nur die obersten Wasserschichten bis etwa zu einer Tiefe von 400 m, also bis zur Lichtgrenze belebe, daß aber dann plötzlich das Tierleben verschwände, um erst wieder nahe dem Meeresgrunde aufzutreten, was in den tieferen Meeren eine ungeheure, organischen Lebens entbehrende Zwischenschicht voraussetzen ließe. Allein neuere Beobachtungen haben sicher festgestellt, daß diese mittlere Wasserschicht doch von einer Anzahl Tieren bewohnt wird, teils von solchen, die als Larven pelagische Lebensweise führen und erst erwachsen in die Tiefe tauchen, teils von anderen ganz bestimmten Tierformen, die gerade diese Schichten zu ihrem wesentlichen Aufenthalte erwählen, während sie an der Oberfläche nur zu gewissen Zeiten, z. B. nachts oder in einer Jahreszeit, gefunden werden. Zu dieser Lebensschicht gehören besonders Krebse, Tintenfische und Fische, und zwar sind darunter manche Arten mit Leuchtorganen, die man ehedem für ausgesprochene Tiefseeformen hielt. Nach dieser Beziehung zwischen Wasserschicht und Fauna wird auch ein Oberflächenpelagial und ein Tiefenpelagial unterschieden. Die waagerechte Verbreitung des Pelagials geht einfach mit den großen Klimazonen einher, so daß die Bewohner des Kaltwassers zirkumpolar, die der warmen Meere zirkumtropisch verbreitet sind. Im Tiefenpelagial wirkt die ausgeglichene Wasserwärme sogar auf kosmopolitische Verbreitung der Fauna hin. Zwischen der Warm- und Kaltwasserzone erhält sich, wie gewöhnlich in der Natur, ein Misch- oder Übergangsgebiet, in das die Tierwelt von Norden und Süden her zeitweise eindringt, der jahreszeitlichen Ausbreitung der kalten und warmen Ströme entsprechend. Wenn man also im Auge behält, daß die Grenzen ineinanderfließen, so zerfällt der Freiwasserbezirk in folgende Untergebiete:

1. Das arktisch-zirkumpolare Gebiet.
2. Das nördliche Übergangsgebiet.
3. Das zirkumtropische Warmwassergebiet.
4. Das südliche Übergangsgebiet.
5. Das antarktisch-zirkumpolare Gebiet.

Im Süden sind warmes und kaltes Wasser viel schärfer gegeneinander abgegrenzt als nördlich des Gleichers, daher ist dort das Übergangsgebiet sehr eingeschränkt und zerteilt.

Innerhalb der großen Gebiete lassen sich nach zoogeographischen Untersuchungen, die an mehreren echt pelagischen Tiergruppen wie Röhrenquallen und Flossenschnecken durchgeführt sind, wohl topographische Unterabteilungen bilden, wie sie in der Sonderung der Ozeane gegeben sind, aber keine faunistischen — für den Freiwasserbezirk gilt die Freiheit der Meere. An den Planktonten machte man noch die Erfahrung, daß die antarktische Zone artenreicher ist als die arktische, weil manche Gattungen der Tropen wohl Vertreter ins südliche, aber nicht ins nördliche Eismeer entsendet haben.

Bemerkenswert ist noch die Erscheinung der Bipolarität in der pelagischen Fauna, d. h. die nahe Verwandtschaft vieler Arten im arktischen und antarktischen Gebiete, und zwar beim Nekton wie Plankton verkörpert. Von den verschiedenen Versuchen zur Erklärung dieser Erscheinung ist wohl diejenige am besten begründet, welche für beide Gruppen die gemeinsame Herkunft in dem zirkumtropischen Warmwassergürtel sucht. Von hier aus, wo noch heute ein Herd reicher Formenentwicklung ist, fand eine allmähliche Ausbreitung nach den beiden Polen — und zwar durch die Tiefsee — statt; wenn daraus eine vollständige Auswanderung unter Verlassen der Urheimat wurde, so blieben die Siedler in den beiden kalten Zonen erhalten.

Register.

FSC
www.fsc.org
MIX
Papier | Fördert
gute Waldnutzung
FSC® C083411

Kolibri 360 GmbH
Ferdinand-Jühlke-Straße 7
99095 Erfurt, Deutschland
produktsicherheit@kolibri360.de